Das Leben der Annemarie Böll

# Das Leben der Annemarie Böll
## Eine Würdigung

Von Tanja Dückers

Herausgegeben von der
Heinrich-Böll-Stiftung

Das Leben der Annemarie Böll
Eine Würdigung
Von Tanja Dückers

Herausgegeben von der
Heinrich-Böll-Stiftung

1. Auflage Berlin 2025



Gestaltung:
Heimann + Schwantes, Berlin

Druck:
Druckhaus Sportflieger, Berlin

ISBN 978-3-86928-276-3



Bestelladresse:
Heinrich-Böll-Stiftung
Schumannstr. 8, 10117 Berlin

T +49 30 28534-0
F +49 30 28534-109
buchversand@boell.de
www.boell.de

# Inhalt

# Vorwort

Dies ist ein Buch über eine besondere Frau: Annemarie Böll. Viele, die ihren Mann kennen, den Literaturnobelpreisträger und Namensgeber unserer Stiftung, Heinrich Böll, werden auch sie kennen – aber sie werden kaum etwas über sie wissen. Denn Annemarie Böll hat die Öffentlichkeit nie gesucht, sie hat die Scheinwerfer aber auch nicht gescheut; ebenso trifft hier nicht das Klischee zu, nach der ein großer Künstler alles um sich herum in den Schatten stellt, vor allem seine Frau. Heinrich und Annemarie Böll sind oft, vor allem in den späteren Lebensjahren, zusammen aufgetreten; und der Schriftsteller hat nie einen Hehl daraus gemacht, welch große Bedeutung seine Frau für seine Arbeit hatte, schließlich war sie seine erste Lektorin: Nichts ging an den Verlag und die Öffentlichkeit, ohne dass das meiste mit kritischem Blick von Annemarie Böll vorher geprüft wurde. Der Autor kannte den Wert eines Lektors, dem man bedingungslos vertrauen kann. Und in diesem Fall war es seine Frau. Nebenbei war sie in den ersten Jahren nach dem Krieg und zu Beginn der Schriftstellerkarriere ihres Mannes diejenige, die mit ihrem Gehalt als Lehrerin die Familie über die Runden brachte und sich um den Haushalt kümmerte. Gut möglich, dass Heinrich Böll das Wagnis einer unsicheren Künstlerlaufbahn nie eingegangen wäre ohne die imposante Unterstützung, Kraft und Klugheit seiner Frau.

Was aber wirklich zu entdecken bleibt, das ist Annemarie Böll als Übersetzerin. Sie, die studierte Anglistin, übertrug seit den fünfziger Jahren englischsprachige Literatur ins Deutsche –

anfangs zusammen mit ihrem Mann, später dann alleine. Beide teilten die Neugier für fremde Kulturen, und das Übersetzen kam dem Wunsch entgegen, das durch die Nazi-Diktatur kulturell verarmte und seelisch beschädigte Deutschland für Gedanken aus anderen Welten zu öffnen. Dieser Aufgabe stellte sich Annemarie Böll im besonderen Maße: hoch professionell, selbstbewusst und doch bescheiden. Sie hätte für ihre Arbeit mehr Anerkennung erhalten müssen – dass sie sie nicht bekam, lag nicht an dem vielleicht erdrückenden Erfolg ihres Mannes, sondern an der Geringschätzung, die das Verlagswesen und die Feuilletons den literarischen Übersetzern entgegenbrachten. Denn der Ruf von Übersetzern war früher meist der einer bloßen Magd der Autoren, oftmals nicht einmal erwähnenswert; dabei sind sie doch die Vermittler eines künstlerischen Stils und einer speziellen Poetik. Diese Geringschätzung hat erst viel später eine Korrektur erfahren – zu spät für Annemarie Böll. Leider.

Wir freuen uns sehr, dass wir die Berliner Schriftstellerin Tanja Dückers dafür gewinnen konnten, eine kurze Biographie über Annemarie Böll zu verfassen. Es ist ihr eine engagierte und einfühlsame Erzählung gelungen, der man die erfrischende Neugier an dem Leben von Annemarie Böll jederzeit anmerkt. An einer Stelle formuliert sie die schöne und wahre Feststellung, dass man Annemarie und Heinrich Böll eigentlich nur zusammen denken könne. Wenn man auf ihr gemeinsames Leben schaut, entwickelt sich zwangsläufig größte Bewunderung für dieses Paar: wie sie die schwierigen Zeitläufte meisterten und ebenso die persönlichen Schicksalsschläge, wie sie den Ruhm verkrafteten und auch den vielen Anfeindungen Stand hielten – und dabei immer glaubwürdig und integer blieben und die Fähigkeit bewahrten, die eigenen Talente zu entwickeln. Davon handelt dieses Buch. Es ist eine Geschichte, die Ihre Lektüre verdient.

Berlin, im Juni 2025

Jan Philipp Albrecht
Vorstand der Heinrich-Böll-Stiftung

# Einleitung

Annemarie Bölls Leben (23. Juni 1910 – 15. November 2004) umspannt fast ein Jahrhundert, zwei Weltkriege und vier politische Systeme. Geboren in der habsburgischen Doppelmonarchie stirbt Annemarie Böll im wiedervereinigten Deutschland. Sie war, auch wenn sie meist außerhalb des Rampenlichts wirkte, eine wichtige Intellektuelle in der bundesrepublikanischen Nachkriegsgeschichte. Ob als gesellschaftspolitische Aktivistin, als tatkräftige Unterstützerin einer west- und osteuropäischen Annäherung, als Kirchenkritikerin, als Mitbegründerin der Heinrich-Böll-Stiftung und der Germania Judaica (der größten wissenschaftlichen Bibliothek zur Geschichte und Kultur des deutschsprachigen Judentums in Europa), als äußerst produktive und fähige Übersetzerin (zum Beispiel von bedeutenden Werken wie J. D. Salingers „Der Fänger im Roggen“ (1962) und Judith Kerrs „Als Hitler das rosa Kaninchen stahl“ (1973), die zu den größten belletristischen Erfolgen in Deutschland nach 1945 zählen) und natürlich als Erstlektorin von Heinrich Bölls literarischem Werk: Annemarie Böll verkörperte wie kaum eine andere Frau den emanzipatorischen Aufbruchsgeist der zweiten Hälfte des letzten Jahrhunderts.

Geboren im böhmischen Pilsen, als Kind des Tschechischen mächtig und doch später Übersetzerin aus dem Englischen, verband Annemarie Böll wie wenige Intellektuelle im 20. Jahrhundert in Deutschland eine ost- und eine westeuropäische Perspektive. Später kam durch die Ehen ihrer Söhne René und Vincent und deren Familien noch eine ausgeprägte Nähe zu Südamerika hinzu.

Dieser nahezu selbstverständliche Kosmopolitismus ermöglichte es Annemarie Böll, in Zeiten des Kalten Krieges als Anlaufstelle für aus der Sowjetunion exilierte Schriftsteller zu fungieren und später im ehemaligen Sommerhaus der Bölls in Langenbroich ein internationales Stipendienprogramm für Künstlerinnen und Künstler aus aller Welt zu begleiten.

Heinrich Böll (21. Dezember 1917 – 16. Juli 1985), einer der herausragenden deutschen Autoren und Intellektuellen der Nachkriegszeit, hat sich zu den zentralen Fragen seiner Zeit stets scharfsinnig und mutig geäußert; die Stimme des Nobelpreisträgers besaß viel Gewicht. Seine öffentlich vertretenen Einlassungen und Positionen waren meist das Ergebnis von gemeinsamen Erörterungen mit seiner (sieben Jahre älteren) Frau Annemarie gewesen.

In der Öffentlichkeit, ob in Mutlangen oder anderswo, sah man die beiden oft zusammen. Das berühmte Paar stand für eine harmonische Lebens-, Liebes- und Arbeitsgemeinschaft, wie man sie nur selten findet.

Vielleicht könnten einem noch Jeanne-Claude und Christo einfallen oder John Lennon und Yoko Ono. Aber viele Paare gibt es nicht, bei denen sich einem ein ähnliches Gefühl von intellektueller Geistesverwandtschaft und tiefer emotionaler Verbundenheit vermittelt.

Heinrich Böll kam aus einer großen Familie, in der der Zusammenhalt stark ausgeprägt war: Selbstbewusste, kompetente Frauen wie seine Mutter Maria und seine ältere Schwester Mechthild („Tilla") war er gewohnt. Offenbar fühlte er sich von klugen, im Leben stehenden Frauen nicht bedroht, sie zogen ihn an. Anders als viele Schriftstellerkollegen seiner Generation hat er sich für eine Partnerin, eine Intellektuelle auf Augenhöhe entschieden. Die Bölls scheinen die gesellschaftlichen Visionen von Gerechtigkeit, Gleichberechtigung und Frieden, die sie vertraten, auch auf eine unaufgeregte, selbstverständliche und bescheidene Weise gelebt zu haben.

Heute gibt es kaum noch „Prominenten-Paare", die ein Leben lang zusammenbleiben und das auch noch, ohne Skandale zu produzieren. Die Bölls haben allerdings schon unfreiwillig Skandale produziert, aber anderer Natur: Man unterstellte ihnen RAF-Sympathie und ereiferte sich über ihre Kritik an der Katholischen Kirche, ihren fortgesetzten Einwand an der politisch-moralischen Verfasstheit der Bundesrepublik, wozu die mangelnde Aufarbeitung des Nationalsozialismus gehörte. Die Skandale machten jedoch erst sogenannte konservative Medien sowie Vertreter der Katholischen Kirche aus Äußerungen, meist Texten, von Heinrich Böll.

Lange Zeit war es in den Kultur- und Geisteswissenschaften üblich, die Frauen „an der Seite" berühmter Männer zu ignorieren. Dann entstand ein neues Interesse an Frauen wie Katja Mann, Inge Jens, Dora Diamant oder der Schwester von Mozart („das Nannerl") und an vielen anderen Frauen im Dunstkreis ihrer berühmten Ehemänner, Väter oder Brüder. Aber am tradierten Genie- oder Dämonenkult wird selten gerüttelt, er wird vielmehr statuiert. Dabei sind die meisten großen Werke (auf die ich mich eher beziehen möchte als auf Untaten) zu einem gewissen Grad Gemeinschaftswerke. Die Literaturforschung hat hierzu vor allem in den letzten Jahrzehnten viele neue Erkenntnisse geliefert, zum Beispiel was das Werk von Bertolt Brecht betrifft. Große Karrieren sind selten das Werk eines Einzelnen. Man braucht nicht nur akribisch danach zu suchen, was die Ehefrauen berühmter Männer selber in den Nachtstunden schrieben, komponierten, erfanden und erdachten, um ihr Sein und Tun aufzuwerten. Es wird wirklich Zeit, sie endlich auch dafür anzuerkennen, was sie oft ein ganzes Erwachsenenleben lang an Expertise, Geduld, Intelligenz, Tatkraft und Talent in die Karriere ihrer Männer mit investiert haben. Die bekannte Komponistin Charlotte Seither (* 1965) spricht diesbezüglich lakonisch davon, dass es fast immer „zwei PS" bedarf, um auf der Straße des Erfolgs fahren zu können. Diesbezüglich ging es einer emanzipierten Frau wie Annemarie Böll darum, eine gesellschaftliche Vision gemeinsam mit Leben zu erfüllen, sicht- und lesbar zu machen. Frauen wie Jeanne-Claude oder Annemarie Böll haben das Werk ihres Mannes jeweils aus tiefer innerer humanistischer Überzeugung unterstützt und mit vorangebracht.

Dieser Bereich des gemeinschaftlichen Arbeitens ist viel zu wenig beleuchtet worden, möglicherweise auch deshalb, weil man in Deutschland oft annimmt, großes Talent oder gar „Genialität" reiche a priori aus, um auf hohem Niveau Kunst zu schaffen und hiermit im Lichte der kritischen Öffentlichkeit zu bestehen. Vor allem der dritte Aspekt, der Transfer aus dem „stillen Kämmerlein" hinaus in die Welt und der Umgang mit dieser verlangt Geschick, oft auch Mithilfe und ergibt sich keineswegs „von selbst", nur weil jemand begabt und gut ist.

Dem gegenüber stehen viele nicht gelebte Karrieren von talentierten Künstlern, die, aus welchen Gründen auch immer, nicht in der Lage waren, solche Beziehungen zu führen, vor allem: die keine engagierte und kluge Partnerin an ihrer Seite hatten. Allerdings gibt es nur sehr wenige Künstler von Weltrang, die so selbstlos und ehrlich wie Heinrich Böll stets auf die Unterstützung und Leistung der eigenen Frau verwiesen haben. Und natürlich war Annemarie Böll eine ganz besondere Frau und Intellektuelle. Sie war eine kluge, ebenso pragmatische wie sensible Frau-Partnerin-Erstlektorin-Korrespondenzführerin-Mitdenkerin-Managerin-Reisebegleiterin-Hausärztin-Psychologin-Trösterin-Unterstützerin-Kindererzieherin.

Heinrich Böll war zweifellos von seiner Gedankentiefe, seiner Einfühlung und Sensibilität, hinsichtlich seiner schöpferischen Kraft, Phantasie und seinem scheinbar leicht anmutenden Erzählen-Können ein literarisches Genie. Aber zu einer Karriere von Weltrang gehört eben noch so viel mehr. Das war ihm klar. Deshalb räumte er stets ein, welche Bedeutung Annemarie für ihn privat und für die fortgesetzte Arbeit an seinem Werk besaß. Von ihm ist der Satz „Ohne Annemarie wäre ich verloren" nicht nur überliefert, er ist auch glaubhaft.[1]

Die Zeiten haben sich verändert. Arbeitssoziologen wie Robert Florida, Richard Sennett, Nicole Mayer-Ahuja und Wolfgang Menz sowie New-Work-Apologeten der Digitalen Bohème wie Holm Friebe und Sascha Lobo haben den Blick geschärft für kooperative Prozesse. Ob Doppelte Führungsspitze, flache Hierarchien oder Entscheidungsteam statt einsamen „Führer" in der Chefetage – auch wenn ein einzelner Vorstandsvorsitzender als Gesicht in der Öffentlichkeit fungiert oder dafür herhalten muss, so rückt doch immer mehr ins Bewusstsein, wie sehr kooperative Prozesse im

Hintergrund wirken und nur ein gemeinsames Handeln zu Erfolgen führt. Unser Arbeitsleben hat sich grundlegend in den vergangenen Jahrzehnten verändert, angestoßen durch die antiautoritäre Bewegung der 68er. Nur in der Kunst glaubt man noch verbissen an die einsamen Genies.

Das Prinzip des mitarbeitenden Partners im Hintergrund, der an der Karriere keinen unwesentlichen Anteil hat, lässt sich natürlich heute auch anders beobachten. Eine Reihe bekannter Schriftstellerinnen zum Beispiel hat jeweils einen Mann (oder eine Frau) an ihrer Seite, der oder die viele Aufgaben für sie im Sinne ihrer Karriere übernehmen. Auch hier bringen zwei PS natürlich mehr auf dem Asphalt.

Der Journalist Wieland Freund schrieb passend in seinem Nachruf auf Annemarie Böll in der *Welt*: „Ein Foto von 1983 zeigt den Literaturnobelpreisträger Heinrich Böll während der dreitägigen Blockade des US-Militärdepots in Mutlangen. Die Friedensbewegung hat ihren Höhepunkt erreicht, Bölls Blick ruht auf Gert Bastian, Gert Bastian schaut Petra Kelly an, aber der Reigen der Blicke beginnt mit Annemarie Böll, die sich ihrem Mann zuwendet. Sie ist das still entschlossene Zentrum der Aufnahme, eine Frau, für die in der Literatur über Böll nur die Nebensätze übrig bleiben."

Eine kritische Auseinandersetzung mit der Realität, dass künstlerisch und kreativ arbeitende Frauen gestern wie heute oft nicht die öffentliche Aufmerksamkeit und Anerkennung erhalten, die sie verdient hätten, steht nach wie vor an. Das betrifft in besonderem Maße die Leistungen von Übersetzerinnen und Übersetzern, die bis vor wenigen Jahrzehnten kaum adäquat honoriert wurden.

Auch zu dieser Auseinandersetzung möchte der vorliegende Text beitragen.

Um eine umfassende Biographie handelt es sich hierbei nicht, vielmehr um eine angemessene Würdigung von Annemarie Böll. Da Heinrich und Annemarie Böll ihr Leben so grundsätzlich und auf vielen Ebenen geteilt, miteinander gelebt und gearbeitet haben, ist diese Würdigung aber auch als eine von Heinrich Böll zu verstehen.

# Kapitel I

Annemarie Bölls langes Leben ist so reich an Katastrophen und Schicksalsschlägen, dass man sie für eine Romanfigur halten könnte. Man kommt nicht umhin, sich zu fragen: Woher nahm Annemarie Böll nur die Kraft, trotz allen Unheils ihr Leben so souverän zu führen? Woher kam ihre enorme Resilienz?

Als sechsjähriges Mädchen wird sie schon zur Vollwaisen, verliert später einen ihrer beiden Brüder im Krieg, zwei ihrer vier Kinder sterben vor ihr. Fünf Todesfälle in der nächsten Familie. Und doch ist sie wohl eine recht glückliche, „wohltemperierte" (Dieter Kühn) und in sich ruhende Frau gewesen.

Annemarie Böll, damals Čech, wird am 23. Juni 1910 in Pilsen, als zweites Kind und einzige Tochter ihrer Eltern Eduard Čech, eines tschechischen Juristen bei den k.k. Staatsbahnen, und der aus Köln stammenden Deutschen Stephanie Čech, geborene Hagen, geboren. Ihre Eltern sterben kurz hintereinander, die Mutter mit nur 33 Jahren an Weihnachten 1915, der Vater ein halbes Jahr später mit 49 Jahren („an gebrochenem Herzen" wie Annemarie Böll stets zu sagen pflegte). Die kleine Annemarie kommt zusammen mit ihrem Bruder Paul zu den Großeltern mütterlicherseits ins ferne Preußen, nach Köln. Der jüngere Bruder Eduard bleibt in Prag bei den tschechischen Großeltern.

Doch scheint sich Annemarie, trotz des frühen Verlustes ihrer Eltern, gern an ihre frühe Kindheit Böhmen erinnert zu haben. René Böll hat über die Kindheit seiner Mutter einen einfühlsamen Text verfasst, der abgedruckt ist in „Der Panzer zielte auf Kafka.

Heinrich Böll und der Prager Frühling".[2] Hierhin berichtet er über die Erinnerungen seiner Mutter:

„In den Erzählungen meiner Mutter nahm der kleine Ort Malovice bei Pilsen einen besonderen Platz ein. Hier, in diesem ländlich gelegenen Flecken, wohnte die Familie den Sommer über im Bahnhof. Ihr Vater war Oberkommissar der kaiserlich-königlichen Staatsbahnen. Die Schilderungen der böhmischen Landschaft und ihrer Wälder erschienen uns Kindern, die wir in den Trümmern Kölns aufgewachsen waren, wie ein unerreichbares Idyll aus der Vergangenheit. Meine Mutter jedenfalls empfand diesen Ort als paradiesisch. Mit dem Abendzug, so hielt eine ihrer Anekdoten fest, brachte der Lokomotivführer meinem Großvater einen Krug frischen Biers aus Pilsen mit. Sie erzählte oft von den Kräutern und Pilzen, die ihre Großmutter im Wald sammelte, auch von dem kleinen Raben, der aus dem Nest gefallen war, den sie großzog und später freiließ."

Die Tschechoslowakei, später die Tschechische Republik, sollte ein Land werden, zu dem „unsere Familie eine besondere Beziehung

Annemarie Böll mit ihrer Mutter und den Brüdern Eduard und Paul, März 1915

hatte, das gleichsam ein Stück Heimat war und Vertrautheit ausströmte, wenn meine Mutter von ihm erzählte", so René Böll an gleicher Stelle.

Direkt nach dem Umzug nach Köln wird folgender Ausspruch zum geflügelten Wort über Annemaries Deutschkenntnisse: „Sie kann es wohl, sie will es nicht." Aber das kleine Mädchen, dessen Leben völlig auf den Kopf gestellt wurde, wird bald eine gute Schülerin. Annemarie besucht die Studienanstalt der Ursulinen in Köln. Im Jahr 1930 legt sie das Abitur ab; für die damalige Zeit keine Selbstverständlichkeit für Mädchen; im gleichen Jahr haben im Deutschen Reich insgesamt nur 20.000 Mädchen das Abitur bestanden.

Nun beginnt Annemarie Čech ein Studium der Fächer Deutsch und Englisch an der Universität in Köln. Hier lernt sie Mechthild Böll, genannt Tilla, Heinrich Bölls zehn Jahre ältere Schwester (28. November 1907 – 24. Juni 1972), kennen. Die beiden freunden sich an. Seit dieser Zeit verkehrt Annemarie oft im Hause Böll, das sie als einen sehr gastfreundlichen Ort wahrnimmt, in dem ein liberaler Geist weht.

Im Jahr 1933 beendet Annemarie ihr Studium mit dem Kleinen Staatsexamen und ist nun qualifiziert für die Tätigkeit als Lehrerin an Mittelschulen. Aber erst einmal wird sie ins Ausland gehen. Denn trotz zusätzlicher Ausbildung für den Unterricht an Volksschulen findet Annemarie aufgrund der damals schwierigen Arbeitsmarktsituation keine Anstellung als Lehrerin in Deutschland. Annemarie Čech zieht also nach England, wo sie in Upton eine Stelle als Aushilfslehrkraft an einer Klosterschule findet. Über ihr Leben in England sagt sie später: „Ich wäre gern dageblieben (...), aber da ich hier noch meine Großmutter hatte, für die ich Verantwortung empfand, bin ich wieder zurückgekehrt." Ihre Großmutter ist für sie Muttersatz: Die enge Verbindung zur Freundin Mechthild Böll bleibt auch über die Zeit in England bestehen. Zurück in Köln unterrichtet Annemarie zunächst an einer katholischen Volksschule, dann an einer Städtischen Mittleren Mädchenschule bis zu deren Schließung 1944. Der aus Köln stammende Autor und Biograph Dieter Kühn fragt sich zurecht, wie Annemarie Böll damals an den Schulen in Köln den Wandel

Annemarie Böll, Ende der dreißiger Jahre

der Zeiten, den Aufstieg des Nationalsozialismus erlebt hat. Wie war das mit der Umsetzung der Richtlinien der „Erziehung zur Volks- und Wehrgemeinschaft“? Was war mit den meistens doch üblichen Klassen- und Schulwettbewerben? Hierfür fehlen leider belastbare Erinnerungen oder Notizen. Zumindest mit den „Fächern des Frauenschaffens“, wie sich das damals nannte, hatte Annemarie Böll nichts zu tun. Und was ist mit dem Englischunterricht, wurde der denn nicht argwöhnisch beäugt, schließlich unterrichtete man die Sprache des Feindes?

Im Gespräch mit Dieter Kühn verneint Annemarie Böll dies später. Sie kann sich an keine Einschränkungen erinnern. Im Verhältnis von Deutschland zu England, so fügt sie ironisch an, spiele auch immer eine „heimliche Liebe“ mit.[3]

Was feststeht: Nach der Rückkehr Annemaries aus England wird der Kontakt zur Familie Böll, nun besonders zum jungen Heinrich Böll, intensiver.

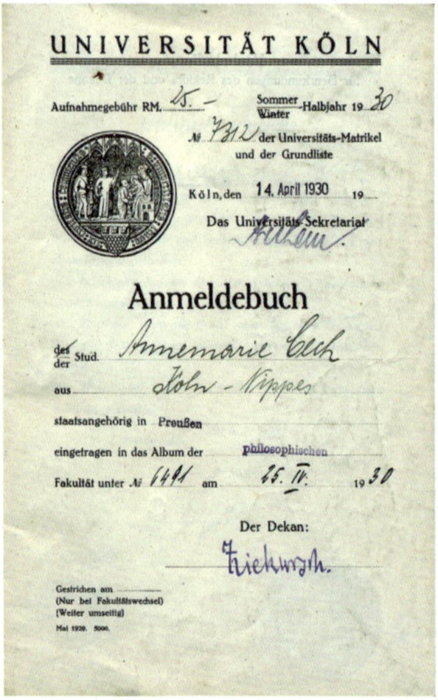
UNIVERSITÄT KÖLN

Aufnahmegebühr RM. 25.– Sommer ~~Winter~~-Halbjahr 1930

№ 7312 der Universitäts-Matrikel und der Grundliste

Köln, den 14. April 1930

Das Universitäts-Sekretariat

Anmeldebuch

~~des~~ der Stud. Annemarie Cech

aus Köln-Nippes

staatsangehörig in Preußen

eingetragen in das Album der philosophischen

Fakultät unter № 1441 am 25. IV. 1930

Der Dekan:

Gestrichen am
(Nur bei Fakultätswechsel)
(Weiter umseitig)
Mai 1929. 5000.

Annemarie Bölls Anmeldung zum Studium, 1930

Annemarie und Mechthild Böll („Tilla“), Heinrich Bölls ältere Schwester, um 1930

Annemarie Böll,
um 1940

Heinrich Theodor Böll kommt am 21. Dezember 1917 zur Welt, im schlimmsten Hungerjahr, gute zehn Monate vor Ende des Ersten Weltkriegs, in der Kölner Südstadt. Er wird zwar in eine äußerst schwierige Zeit hineingeboren, aber erlebt doch eine „sehr freie und verspielte" Kindheit, wie er später zu Papier bringt. Als sechstes und jüngstes Kind aus der zweiten Ehe seines Vaters wächst er zunächst in gesicherten Verhältnissen auf. Der Vater, Viktor Böll, ist Schreiner. Er betreibt ein Atelier für kirchliche Schnitzwerke. Unter anderem stellt er Kirchenbänke her, auch Altare und Engel. Böll wächst in einem ausgesprochen katholischen Milieu auf. Konservative Werte wie Familie und Vaterland werden zwar hochgehalten, doch der Vater weist als Bildhauer, wie Böll seinen Vater später bevorzugt nennt, auch bohemienhafte Züge auf. Er vermittelt seinen Kindern so etwas wie einen demokratischen Antifaschismus, angereichert mit einer Prise ausgeprägtem rheinischen Antipreußentums, dessen wichtigste Facette der Antimilitarismus ist. Auch deshalb ist man gegenüber den Nazis skeptisch.

Dass der kleine Heinrich ein sehr begabtes Kind ist, erkennen Lehrer und Familie früh. Er kommt auch ohne klassisch-bildungsbürgerlichen Hintergrund aufs Gymnasium. Doch schon als Heranwachsender schaut er im wahrsten Sinne des Wortes über den Tellerrand des elterlichen Hauses mit Garten: Er stromert durch verschiedene Viertel Kölns, taucht voller Neugierde in andere soziale Milieus ein. „Mich zog's immer in die Siedlung, die wie unsere neu erbaut war, in der Arbeiter, Partei- und Gewerkschaftsfunktionäre wohnten", schreibt er Jahrzehnte später in der autobiographischen Skizze „Was soll aus dem Jungen bloß werden? Oder: Irgendwas mit Büchern".[4] „Dort gab es die meisten Kinder und die besten Spielgenossen." Der junge Böll, aus einem gehobenen Handwerkerhaushalt stammend, kennt keinen Klassendünkel, vielmehr entwickelt er schon früh Sympathien für Menschen aus anderen sozialen Schichten.

Mit der Weltwirtschaftskrise findet das hart erarbeitete, aber vergleichsweise angenehme Leben allerdings ein Ende: Im Jahr 1930 bleiben die Aufträge aus, das Kunstatelier geht pleite, die Familie muss ihr Haus verkaufen. Nun wohnt man in deutlich bescheideneren Verhältnissen und muss sich ein paar Jahre lang wieder regelrecht durchschlagen. Die Familie Böll erfährt das Schicksal vieler der inzwischen über fünf Millionen Arbeitslosen: Gänge zum Pfandhaus und Gerichtsvollzieher an der Wohnungstür gehören nun zum Alltag. Kleine schöne Momente sollen nicht unerwähnt bleiben: So beschreibt Heinrich Böll in seinen Jugenderinnerungen die angenehmen Erinnerungen an den Geruch von Rohkakao aus der Nachbarschaft der Stollwerck-Schokoladenfabrik.[5]

In einer schwierigen, ja, bedrohlichen Zeit ist es für das Empfinden von Geborgenheit hilfreich, dass Heinrich Böll in einem liebevollen Elternhaus aufwächst. In einem Interview mit dem WDR 1977 rekapituliert er: „Ich habe mich mit meinen beiden Eltern sehr gut verstanden, hab mich auch immer solidarisch gefühlt in allen möglichen, sehr schwierigen Situationen." In einem anderen Gespräch erinnert Heinrich Böll sich, wie schwer es die Eltern hatten und spricht davon, dass er stets eine „unbewusste Solidarität" zu ihnen empfand.[6]

Diese Jahre üben auf den Teenager Heinrich Böll eine starke Wirkung aus: „Es war eine Art Anarchismus, Nihilismus, Anti-Bürgerlichkeit, auch Hysterie, die mich bis heute geprägt haben", sagt er später. „Wir waren weder rechte Kleinbürger", so beschrieb es Heinrich Böll, „noch bewusste Proleten, hatten einen starken Einschlag von Bohème; das Wort ‚bürgerlich' war eines unserer klassischen Schimpfworte."[7]

Dass Heinrich Böll später so viel Sympathie für die „unteren Schichten" hat und sein literarisches Personal oft aus dieser entstammt, hat wohl mit der eigenen gesellschaftlichen Degradierungserfahrung zu tun. Dennoch wären die Eltern nie auf die Idee gekommen, „den Nationalsozialisten hinterherzulaufen". In seinen Erinnerungen „Was soll aus dem Jungen bloß werden? Oder: Irgendwas mit Büchern" (eine Frage, die die Mutter damals aufgebracht hat) hat Heinrich Böll sich als einen Außenseiter aus Überzeugung beschrieben, der, gestärkt durch seine Familie, in innerer Opposition zum auch unter Katholiken existierenden nationalsozialistischen Zeitgeist lebte.

Später wird sich Annemarie Böll oft an die vielen, offen ausgetragenen Diskussionen und die lebensfroh-zugewandte, freiheitliche Stimmung erinnern, die sie im Hause Böll mitbekommt. In einem Interview mit dem Sender Freies Berlin blickt Heinrich Böll Ende der sechziger Jahre auf sein unideologisches Elternhaus zurück: „Ich habe niemals diese berühmten, verpflichtenden Abwendungen vom Vater oder Elternhaus empfunden, niemals. Meine Eltern haben auch meine Freiheit nie einzuschränken versucht, obwohl sie beide sehr gläubig und sehr fromm waren, keinerlei Druck ausgeübt, etwa Kirchgang kontrolliert oder solche Dinge, das gab's einfach nicht." Als Schlüsselbegriffe für seine Kindheit wird er „Freiheit" und „Geborgenheit, die nicht zur ideologischen Verpflichtung gemacht wurde" anführen.[8]

So wird das Elternhaus auch ein Zufluchtsort für andere. In einem Interview erinnert sich Heinrich Böll daran, dass sie immer viel Besuch hatten: „Schulkameraden von mir und meinen Brüdern; auch solche, die die Schule schwänzten, kamen dann zu meiner Mutter und saßen in der Küche. Es entstand so ein, sagen wir, anarchistisches Klima, ja? Das mich, glaub ich, sehr geprägt hat: ... so in der Küche sitzen oder im Wohnzimmer und, wenn man eben ein bißchen Geld hat, 'nen Kaffee kochen und reden. Es war schon fast ein Rückzug in die Familie."[9] Ein Rückzug von dem, was jenseits des Küchentischs draußen zu beobachten ist: „Es gab Demonstrationen, es gab Straßenschlägereien ... Es kamen solche Nazitrupps, zum ersten Mal, in mein Blickfeld, richtige Schläger (...) die Nazis waren ja eine terroristische Schlägertruppe, ausgesprochen terroristisch (...)", erinnert sich Böll.[10]

Die Machtergreifung am 30. Januar 1933 erlebt der Fünfzehnjährige sehr bewusst. Über vierzig Jahre später, im März 1975, erzählt Heinrich Böll im Gespräch mit dem Publizisten Christian Linder: „Ich erinnere mich noch genau. Es war damals eine große Grippe-Epidemie im ganzen Reich – die natürlich auch zusammenhing mit der relativ schlechten Ernährung der Bevölkerung, Millionen Menschen haben ja regelrecht gehungert –, und infolge dieser Grippe-Epidemie waren nun auch die Schulen geschlossen, ich lag ebenfalls mit Grippe im Bett – und nachmittags kam ein Schulkamerad zu mir und sagte, ach, der Hitler ist heute Reichskanzler geworden, das weiß ich alles noch ganz genau, ich lag im Bett und las. Meine Mutter hat sofort gesagt: das bedeutet Krieg (...)".

Auf die Frage, wie sein Vater damals auf Hitler reagiert hat, gibt Heinrich Böll zur Antwort: „Meine Mutter hat sehr heftig reagiert, politisch auch, ohne jede Einschränkung; mein Vater, der größtenteils auf Aufträge von Behörden angewiesen war – er war damals Schreinermeister –, war unserer Meinung, mußte aber, konnte natürlich nicht nach außen hin Propaganda gegen die Nazis machen. Das habe ich auch kapiert, das hatte ich auch nicht erwartet. Er war nicht in einer Parteiorganisation, hier in Köln nahm man das gar nicht so ernst."[11]

In seinem autobiographischen Text „Über mich selbst" (1959) schreibt Heinrich Böll dennoch voller Melancholie, er hätte damals als junger Mann gespürt, „daß der bürgerliche Unernst der Stadt gegen die neu heraufziehende Mechanik des Unheils nichts ausrichten würde (...)".[12]

In diese aufwühlende Zeit fallen auch erste literarische Versuche: 1936 schreibt Heinrich Böll sein erstes Gedicht. In „Über mich selbst" konstatiert er zwanzig Jahre später: „Schreiben wollte ich immer, versuchte es schon früh, fand aber die Worte erst später." Keine Überheblichkeit, keine Kraftmeierei, stattdessen Selbstzweifel, Unzufriedenheit.

Nach seinem Abitur im Jahr 1937 fängt Heinrich Böll eine Lehre als Buchhändler an, parallel verfasst er weiter eigene literarische Texte, liest viel. Wichtig für ihn ist die Beschäftigung mit dem Werk des katholischen, gleichzeitig sehr freigeistigen französischen Schriftstellers und Sprachphilosophen Léon Bloy (1846–1917). Dieser empfahl ein Bohème-Leben in materieller Armut, das er auch selber führte.

Heinrich Böll hat nicht die Möglichkeit, den Beruf des Buchhändlers richtig zu erlernen, denn bereits 1938 wird er zum Reichsarbeitsdienst verpflichtet. Im Jahr 1939, unmittelbar vor Kriegsbeginn, nimmt er noch ein Studium der Germanistik und Altphilologie auf, wird aber sofort nach Ausbruch des Zweiten Weltkriegs eingezogen und muss den Hörsaal gegen den Schützengraben eintauschen. Nun beschränkt sich Heinrich Bölls literarische Tätigkeit auf das Verfassen von Briefen an seine Eltern und an die Freundin Annemarie, mit der sich bald eine immer engere Beziehung entwickelt.

Während der ersten Jahre des Zweiten Weltkriegs, in denen Heinrich Böll noch eher mit Wacheschieben beschäftigt ist, schreibt sich das junge Paar oft täglich mehrere Briefe. Auch Päckchen werden verschickt. So bedankt sich Heinrich Böll mehrfach bei Annemarie Čech für Buchpakete. Der Tonfall bleibt zunächst immer noch distanziert, man siezt sich. Mit dem Jahr 1940 werden die Briefe persönlicher, umwerbender. So schreibt Heinrich Böll Ende Oktober an Annemarie: „An den Abenden, wo ich nicht ausgehe, fühle ich mich irgendwie physisch und psychisch gezwungen, Ihnen zu schreiben, aber es ist nicht einzusehen, warum Sie vielleicht unter diesem meinem Abendvergnügen leiden sollten. Also, lesen Sie nicht weiter, wenn Sie keine Zeit und Lust haben".

Später in dem gleichen Brief heißt es: „Immer wieder, wenn ich manchmal erschöpft bin von Schwermut und Unlust, weiter so zu leben, tritt an mich die Versuchung heran, die Schleuse loszulassen und ihn hereinzulocken, den Wahnsinn. Dann hilft mir – es wird Ihnen so sonderbar erscheinen – der Gedanke an Sie".[13]

Annemarie stiftet Heinrich zum Erzählen an. Der junge Soldat schildert der Freundin seine vielfältigen Erlebnisse, reflektiert über sein neues, sonderbares, fremdbestimmtes Leben in einer reinen Männerkohorte. In den Briefen berichtet er Annemarie von seinem Unwillen, Soldat zu sein, von Langeweile, geistiger Unterforderung, der deutschen Duckmäuser-Mentalität, Heimweh, Sehnsucht, vom Alltag im besetzten Frankreich, später an der Ostfront geben seine Briefe Zeugnis drastischer Verbrechen und oft genug von Hunger, physischen Schmerzen, großer Niedergeschlagenheit. Die Briefe sind ein einzigartiges Dokument über den 2. Weltkrieg, wie es von keinem anderen deutschsprachigen Schriftsteller so vorliegt.

Ermuntert und ermutigt von Annemarie fällt Heinrich mitten im Krieg eine sehr wichtige, lebensverändernde Entscheidung: In den vielen fast täglich verfassten Briefen an Annemarie entdeckt er eine „tiefe Empfindsamkeit“ in sich und beschließt, Schriftsteller zu werden. Wenigstens im Schreiben kann er einen Moment der Selbstwirksamkeit und Autonomie zurückgewinnen. Die Briefe werden länger und wohl intimer. Genau kann man das nicht wissen. Später, als hochbetagte Frau, wird Annemarie Böll die „Briefe aus dem Krieg 1939–1945“ mitherausgegeben. Nach ihrer Aussage hat sie aber höchstens Zweidrittel der Briefe berücksichtigt. Alle Briefe von Heinrich Böll abzudrucken hätte bedeutet, ein mehrbändiges Konvolut zu veröffentlichen. Zum Teil hat sie auch innerhalb der Briefe gekürzt, offenbar wohl an Stellen, die sehr privat wurden. Auch diese Diskretion charakterisiert sie. Vor allem jedoch hat Annemarie Böll ihre eigenen Briefe (einige werden sicher auch verschollen sein) konsequent aus der Zusammenstellung herausgehalten. So liegt heute kein dialogischer Briefwechsel vor; man kann nur aus Heinrich Bölls Bezugnahmen ahnen, was Gegenstand von Annemaries Briefen war.

Eine Fügung des Schicksals will, dass Heinrich Böll für eine Weile in einer Kaserne ganz in der Nähe von Annemarie stationiert wird. Nach einer schweren Ruhr-Erkrankung wird er vom Februar 1941 bis Mai 1942 zum „Heimatfront-“Dienst nach Köln abkommandiert: eine Glückssträhne für das Liebespaar. Annemarie besucht ihn sehr oft, „fast täglich“. Hin und wieder kann auch Heinrich einen freien Tag bekommen und nachhause fahren. Die beiden heiraten schließlich während eines Fronturlaubs von Heinrich im Jahr 1942. Danach geht es für ihn nach Frankreich.

Hochzeit von Heinrich und Annemarie Böll mitten im Krieg, Köln, 1942

Zuvor ereilte Annemarie jedoch noch eine schlimme Nachricht: Ihr Bruder Paul stirbt am 15. November 1941 in Russland an der Front, im Alter von 32 Jahren. Viel Zeit zum Trauern, zum Innehalten bleibt nicht. Annemarie muss mehrfach umziehen, die Wohnung in der Kleingedankstraße, in der sie mit einer Freundin lebt, fällt der „Operation Millenium“, der großen Bombennacht vom 30. auf den 31. Mai 1942, zum Opfer: 110.000-Stabbrandbomben lege weite Teile der Stadt innerhalb weniger Stunden in Schutt und Asche. Dazu kommen rund 1.000 Phosporbomben und -kanister. Annemarie und ihre Freundin können sich mit wenig Hab und Gut retten, aber was bedeutet das: mit kaum etwas im Volksgarten zu stehen, im Platzregen – wie sich Annemarie Böll später erinnern wird? Sie ist eine von 45.000 Menschen, die in dieser Nacht obdachlos werden. Mit ihrem Fluchtgepäck schlägt sie sich durch zu den Schwiegereltern und schickt ein Telegramm an die Kanalküste zu Heinrich: „Unsere Wohnung total vernichtet; keine Verletzten; erbitte sofort Urlaub. Annemarie“. Dieses Mal reagiert die Militärbürokratie, die für ihre Trägheit gescholten wurde, zumindest etwas schneller, die Erlaubnis zur Reise nachhause erhält Heinrich Böll am 17. Juni. Nun hat Heinrich Böll die Aufgabe, mitten in den Kriegswirren nach Köln zu kommen. Doch trotz der akuten Notlage Annemaries und der schwierigen Anreise ist ihm nur ein sehr kurzer Aufenthalt gestattet.

Wie Annemarie diese traumatischen Erlebnisse empfunden hat, lässt sich schwer rekonstruieren. In späteren Gesprächen wird sie eher beiläufig sagen, dass die Bombennächte und der Verlust des Zuhauses „furchtbar" waren, aber man erhält den Eindruck, als hätte sie sich nicht lange mit der eigenen Befindlichkeit aufgehalten. In dieser herausfordernden Zeit kommt sie wohl kaum zur Rückschau und zum Atemholen. Außerdem scheint sie die Eigenschaft zu besitzen, sich trotz der schrecklichen Ereignisse nicht verbittern und verhärten zu lassen, sondern nach vorn zu schauen.

Heinrich Böll wird in diesen Tagen einen Traum notieren, den er nach dem Anblick der schlimmen Verwüstungen Kölns gehabt hat: „Ich habe ein paar Stunden geschlafen und wahnsinnig geträumt von wüsten Zerstörungen (...), ich weiß nicht, so lebhaft in einzelnen bunten Bildern habe ich noch nie geträumt, ich wurde dann wach, weil ich wahnsinnig laut ‚Mutter' rief; von meinem eigenen Geschrei wurde ich wach..."[14]

Von ihm ist auch die später im Jahre 1969 getätigte Aussage überliefert: „Der eigentliche Aspekt des Krieges war für mich die Bombardierung der Städte. Das war vollkommener Irrsinn. Die Frauen und Kinder in den Städten hatten es ja viel, viel schlimmer als sogar ein Soldat an der Front."

Heinrich Bölls Widerwille gegen den Irrsinn des Krieges und den Kadavergehorsam des Soldatentums lassen in ihm eine später zuweilen schon bockig anmutende antiautoritäre Grundhaltung erwachsen, einen Antiautoritarismus, der nicht selten in Aufrufen zu zivilem Ungehorsam münden wird. Anders als etwa der zehn Jahre jüngere Günter Grass ist Heinrich Böll auch zu Zeiten der militärischen Erfolge des Dritten Reichs weder hitler- noch kriegsbegeistert. Während Grass sich freiwillig zur Wehrmacht meldet und in die Waffen-SS eingezogen wird, versucht Böll, dem Krieg zu entgehen. Den ganzen Krieg über unternimmt er alles, um dem Dienst zu entkommen. Zunächst schreibt er Freistellungsgesuche, um studieren zu können, später zieht er sich künstlich Krankheiten zu oder fälscht Urlaubsscheine.

Seine Verweigerung drückt sich auch in seiner militärischen Nicht-Karriere aus: In mehr als sechs Kriegsjahren wird Böll nur ein einziges Mal befördert. Dabei stünde dem Abiturienten die Offizierslaufbahn offen. Das ist ihm bewusst. Im Jahr 1942 schreibt er an seine Mutter Maria: „Es ist unheimlich verlockend, die Aussicht, die Möglichkeit, dem ganzen blöden Gesindel überlegen zu sein; einen Putzer zu haben, der alles erledigt, alle die Dinge, die für mich eine Qual sind, wie Waschen und Stiefelputzen; und ein Bett haben und Ruhe; (…) ach, es hat vieles für sich, fast alles; aber es wäre ein Verrat, und deshalb will ich es nicht, Du wirst mich schon verstehen.“[15]

Vom ersten bis zum letzten Tag des Zweiten Weltkriegs ist Heinrich Böll Soldat, wird an verschiedenen Fronten eingesetzt, mehrere Male verwundet, erkrankt schwer an der Ruhr. Zunächst durchaus noch mit einer gewissen jugendlichen Neugier ausgestattet, geraten die Kriegsjahre für Böll zu einer Mixtur aus Trauma und Offenbarung. Erst kommt Böll als Infanterist nach Polen, dann muss er wiederholt in Frankreich „dienen“. Im November 1943 wird Böll nach Russland an die Front geschickt, wo er mehrfach schwer verwundet wird.

Dabei hat er alles in allem unglaubliches Glück: Im Jahr 1944 überlebt ein Wehrmachtssoldat im Durchschnitt nur sechs Wochen Krieg. Am Leben gehalten hat Heinrich Böll wohl auch sein Glaube an Gott und an seine Zukunft mit Annemarie. In seinem sehr ergreifenden Kriegstagebuch, das René Böll 2017 herausgegeben hat, kann man sich hiervon einen Eindruck verschaffen. Oft schafft es der Soldat Böll vor allem während des voranschreitenden Kriegs aufgrund der Umstände nicht, viel mehr als ein kurzes Notat, einen Ausruf, ein hilfesuchendes „Anne-Marie!“ in seine Kladden zu schreiben.[16]

Es sind wilde Evokationen, in denen die Verzweiflung des jungen Soldaten erkennbar wird. Oft wird die christliche Prägung Heinrichs Bölls in ihnen deutlich. Ohne zu spekulativ zu sein: Man hat das Gefühl, ohne Annemarie hätte Heinrich Böll den Krieg nicht überlebt. Sie ist nicht nur seine innigst geliebte Ehefrau, nach der er sich sehnt und die ihm Hoffnung gibt, sondern auch sein transzendent-emotionaler Halt im Strudel aus Gewalt, Trübsal, Elend.

Offenbar hat Heinrich Böll das Tagebuch vom Beginn des Krieges an geführt, aber die ersten Kladden gehen verloren. Die erhaltenen drei beginnen im Oktober 1943 und enden im September 1945. Es handelt sich um kleine Hefte ähnlichen Formats. Das Tagebuch, das 1943 beginnt, ist ein abgelaufener Taschenkalender, den Böll auf einem Transport durch Belgien erworben hat.

Er kann aufgrund der Kriegsumstände in den Jahren 1943 bis 1945 diese Tagebücher weder regelmäßig noch systematisch führen. Manchmal finden sich mehrere Einträge unter einem einzigen Datum, dann gibt es wochenlang keine einzige Notiz. Selten stößt man auf ausgeschriebene Sätze, meist handelt es sich um stichwortartige Bemerkungen oder Anrufungen wie diese:

*28.12.43*

*Traum: Ich umarme Anne-Marie*

*(...)*

*Der tüchtige Unterarzt*
–
*Hodenschmerzen, offenbar ein Bruch*
–
*Verzweiflungserscheinung*

–

*12.1.44*
-
*Traum: langer verworrener*
*Traum, ich weiß nur noch, daß*

*ich eine Postabschnitt gese-*
*hen habe, nach dem von*
*der Kompanie 15 Mark an mich*
*abgeschickt worden sind!*

–

*Danach Zweifel, Qual*
*und Schmerzen*

–

*Gott möge mir helfen*

–

*Verlegt zur L.K.A.*
*Fahr durch Odessa*

–

*Die Fabrik*
*Die Häuser*
*Die Menschen*

–

*Gott allein kann uns*
*helfen*

–

*Anne-Marie*
*Ich komme zu*
*Dir, Du, ich*
*komme zu Dir, ach*
*bestimmt*

–

*6.III.44*

–

*Der wunderbare*
*Traum von einer*
*Buchhandlung und von*
*Anne-Marie!*

–

*Morgens Exerzieren und Sport*

–

*abends 4 Stunden*
*auf ein R-*
*Gespräch gewartet!*
*von 6 – 10 1/2!!!!*
–
*Dann in der Kneipe*
–
*Fliegeralarm*
–
*Ach, Anne-*
*Marie, Du*
*mein Leben!*

In den Aufzeichnungen vom 26. bis 29. April ruft Heinrich Böll nach den Worten „Kälte, Schmutz, Elend – Hunger, Hunger“ sowohl die „Hl. Maria“ als auch „Anne-Marie“ an. Die reale Ehefrau, die er nicht mehr sehen, der er nicht nahe sein kann, wird immer mehr zu einer fernen, fast religiös aufgeladenen Hoffnungsfigur für ihn.

Walter van Rossum fasst in seiner Besprechung der Kriegstagebücher für den Deutschlandfunk zusammen: „Es ist eine datierte Aneinanderreihung von Gelegenheitsnotizen, Schmerzensschreien, Sehnsuchtsgewimmer, Ortsangaben, Buchtitel, Anrufungen Gottes und Annemaries, Träume als Orakel, im Delirium auf Papier geworfene Zeugnisse vom Delirium (...) Rauchzeichen am Rande der Apokalypse“; er resümiert: „Wer diese Tagebücher eines Sprachlosen gelesen hat, der versteht, warum Heinrich Böll nach dem Ende des Krieges nur eines im Sinne hatte: Schreiben. Worte als Brot“.[17]

Im Jahr 1944 stirbt Annemaries Schwiegermutter, Maria, zu der sie ein gutes Verhältnis hatte. Die schon geschwächte, im Rollstuhl sitzende Frau erleidet nach einem Fliegerangriff einen Infarkt. Der Schwiegervater, Viktor, wird jedoch lange leben und 90 Jahre alt werden.

Im April 1945 gerät Heinrich Böll, nun im niederen Rang eines Obergefreiten, schließlich in amerikanische Kriegsgefangenschaft, aber seine Frau erfährt zunächst nicht, ob er überlebt hat.

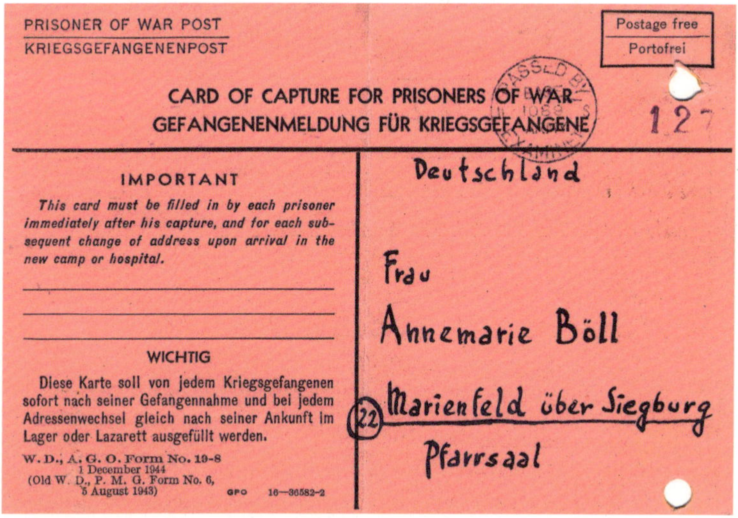

PRISONER OF WAR POST
KRIEGSGEFANGENENPOST

Postage free
Portofrei

CARD OF CAPTURE FOR PRISONERS OF WAR
GEFANGENENMELDUNG FÜR KRIEGSGEFANGENE

PASSED BY ... 1089 ... EXAMINER

127

IMPORTANT

*This card must be filled in by each prisoner immediately after his capture, and for each subsequent change of address upon arrival in the new camp or hospital.*

WICHTIG

Diese Karte soll von jedem Kriegsgefangenen sofort nach seiner Gefangennahme und bei jedem Adressenwechsel gleich nach seiner Ankunft im Lager oder Lazarett ausgefüllt werden.

W. D., A. G. O. Form No. 19-8
1 December 1944
(Old W. D., P. M. G. Form No. 6,
5 August 1943) GPO 16—36582-2

Deutschland

Frau
Annemarie Böll
(22) Marienfeld über Siegburg
Pfarrsaal

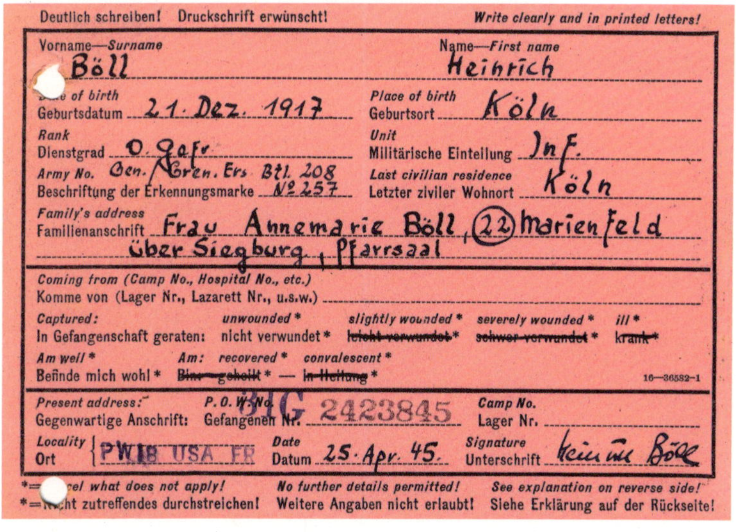

Deutlich schreiben! Druckschrift erwünscht! *Write clearly and in printed letters!*

Vorname—*Surname*: Böll
Name—*First name*: Heinrich
*Date of birth* Geburtsdatum: 21. Dez. 1917
*Place of birth* Geburtsort: Köln
*Rank* Dienstgrad: O. Gefr.
*Unit* Militärische Einteilung: Inf.
*Army No.* Beschriftung der Erkennungsmarke: Gen. Gren. Ers. Btl. 208 № 257
*Last civilian residence* Letzter ziviler Wohnort: Köln
*Family's address* Familienanschrift: Frau Annemarie Böll, (22) Marienfeld über Siegburg, Pfarrsaal

*Coming from (Camp No., Hospital No., etc.)* Komme von (Lager Nr., Lazarett Nr., u.s.w.)

*Captured:* In Gefangenschaft geraten: *unwounded* * nicht verwundet * *slightly wounded* * ~~leicht verwundet~~ * *severely wounded* * ~~schwer verwundet~~ * *ill* * ~~krank~~ *

*Am well* * Befinde mich wohl * *Am: recovered* * ~~Bin: geheilt~~ * — *convalescent* * ~~in Heilung~~ *

16—36582-1

*Present address:* Gegenwartige Anschrift: *P. O. W. No.* Gefangenen Nr. 31G 2423845 *Camp No.* Lager Nr.

*Locality* Ort: PWIB USA FR *Date* Datum: 25. Apr. 45. *Signature* Unterschrift: Heinrich Böll

*=*Cancel what does not apply!* *No further details permitted!* *See explanation on reverse side!*
*=Nicht zutreffendes durchstreichen! Weitere Angaben nicht erlaubt! Siehe Erklärung auf der Rückseite!

Heinrich Bölls Kriegsgefangenenmeldung für seine Frau Annemarie (die Karte trifft erst nach seiner Entlassung ein)

Sein Kriegstagebuch endet mit der Entlassung aus dem Kriegsdienst. Zuvor muss Heinrich Böll feststellen, dass andere Truppenteile früher als er nachhause dürfen. Hierzu sei angefügt, dass Heinrich Böll im Juli 1945 zum ersten Mal Vater geworden ist. Anne-Marie hat den kleinen Christoph, den ersten Sohn der Bölls, zur Welt gebracht. Wie kann man sich den Beginn dieses neuen Lebensabschnitts für sie vorstellen? Sie bekommt ein Kind von einem Soldaten in Gefangenschaft, weiß nicht ob Sohn und Vater sich je sehen werden, denn viele Soldaten sterben in Kriegsgefangenschaft. Wie beschwerlich werden unmittelbar nach dem Krieg die ersten Wochen mit Kind für sie gewesen sein?

Als Heinrich Böll nun in seine Heimatstadt zurückkehrt, ist der Kölner Dom von fast jedem Punkt der Stadt aus zu sehen – der Rest ist eine Trümmerlandschaft; für Heinrich Böll ein kaum erträglicher, tieftrauriger Anblick. Der Dom hat den Krieg nur deswegen einigermaßen überstanden, weil der Dachstuhl aus Eisen nicht in Brand geraten konnte, und auch, weil eine Vielzahl freiwilliger Menschen während des gesamten Kriegs als Brandwache im Dom bereitstand, um entstehende Feuer stets sofort zu löschen. Auf dem hochgefährlichen Weg durch die Trümmerwüste zur Brandwache sind viele Kölnerinnen und Kölner ums Leben gekommen.

# Kapitel II

Heinrich Böll ist wieder zuhause. Aber nach den Strapazen des Krieges und der Gefangenschaft, nach Verwundungen und schweren Erkrankungen ist er so geschwächt, dass er fast zwei Jahre lang arbeitsunfähig ist. In dieser langen und ausgesprochen schweren Zeit kümmert sich Annemarie um ihn.

Sie macht sich auf zu „Hamsterfahrten“ mit ihrer Freundin und Schwägerin Tilla, zum Beispiel ins Bergische Land. Nicht immer sind diese Fahrten von Erfolg gekrönt. Doch folgende Episode kann etwas von Annemaries stiller wie hartnäckiger Durchsetzungskraft vermitteln: In einem Garten sieht Annemarie, wie ein Mann Kartoffeln erntet. Doch der Mann möchte keine einzige der frisch ausgebuddelten Erdäpfel hergeben, er hat selber eine hungrige Familie zu ernähren. Tilla, so wird Mechthild genannt, möchte schon weitergehen, aber Annemarie bleibt einfach – freundlich aber stur – stehen: Bitte, zumindest für jeden von uns eine… Der Mann lässt sich schließlich erweichen. Am Ende erhält sie für jedes Familienmitglied zuhause eine Kartoffel; ein Schatz.

In das Jahr 1945 fällt noch ein furchtbares Ereignis: Der erste Sohn der Bölls, Christoph, stirbt rund drei Monate nach seiner Geburt an Brechdurchfall und Dehydration – wie viele Neugeborene damals kurz nach Kriegsende infolge der schlechten Versorgungslage, in Zeiten nur notdürftiger Ausstattung in den wenigen, halbwegs intakten Krankenhäusern. Im Grunde kann man den ersten Sohn von Annemarie und Heinrich Böll als Kriegsopfer begreifen.

Wohnungsnot, Hunger und der tägliche Kampf ums Dasein bestimmen den Alltag von Annemarie und Heinrich Böll. Es mangelt an fast allem. Geld hat man keines, die Ehe der Bölls bleibt über Jahre von Armut und Not geprägt. Die Realschule Severinswall, an der Annemarie nach ihrer Rückkehr aus England unterrichtet hat, ist im Krieg zerstört worden. Erst im August 1947 kann Annemarie ihre Tätigkeit als verbeamtete Lehrerin in der notdürftig wiederhergerichteten Schule wieder aufnehmen. Sie unterrichtet auch an anderen Schulen, in Kinderheimen. Hauptsache arbeiten. Mit ihrem Einkommen bringt Annemarie Böll die Familie fast allein durch die schwere Nachkriegszeit. So wie es seine körperliche Verfassung zulässt, schlägt sich Heinrich Böll mit Schwarzmarktverkäufen und Gelegenheitsarbeiten durch. Beeindruckend ist, wie die Familie Böll, damit sind auch der Vater Viktor, die Schwester Tilla und der Bruder Alois und seine Familie gemeint, zusammenhalten, wie sie sich gegenseitig in schweren Zeiten unterstützen. Lange Zeit leben sie alle zusammen beengt in einem Haus in der Kölner Schillerstraße. Dieses Haus war als halbe Ruine von den Bölls „besetzt" und im Rahmen des Möglichen repariert worden.

Lichtblicke in den späten vierziger Jahren: Am 19. Februar 1947 wird der Sohn Raimund geboren, am 31. Juli 1948 René.

Am Tag der Währungsreform, am 20. Juni 1948, geht Annemarie Böll, schwanger mit René, in den Mutterschutz und gibt ihren Job als Lehrerin zunächst auf. Doch sie ist trotz Geldnot insgeheim nicht unglücklich darüber, das „Joch der Schule" vorübergehend aufgegeben zu haben: Denn es gibt immer wieder Probleme mit der Disziplinierung der ihr anvertrauten Schulklassen. So erinnert sich René Böll: „Bei den vielen Abenden am Kamin in Irland erzählte uns unsere Mutter oft von ihrer Zeit als Lehrerin, dass das nicht ihr Traumberuf gewesen sei, sie wäre gerne Ärztin geworden, aber das war aufgrund der längeren (und teureren) Studienzeit nicht möglich gewesen. Sie erzählte uns auch, dass sie sich angesichts der bis zu 60 Schülerinnen und Schüler nicht durchsetzen konnte."[18] Das Übersetzen wird ihr mehr liegen.

Zuhause ist Annemarie sehr gefragt: Einen großen Teil verbringt Annemarie damit, irgendwie und irgendwoher im zerbombten Köln Lebensmittel zu organisieren, zu „fringsen", was eine halblegale

Annemarie mit Sohn
Vincent („Vinc"), um 1952

„Organisierung" bedeutet, und ihren Mann sowie die Kinder, die immer wieder abwechselnd erkranken, zu pflegen. Lange Zeit ist Annemarie Böll beruflich und familiär stark eingespannt, belastet. Heinrich Böll beschreibt in seinen Briefen an den Freund Ernst-Adolf Kunz ausführlich und voller Anerkennung die viele Arbeit, die Annemarie für die Familie erledigt.[19] Von Annemarie Böll selber gibt es kaum Briefe, mit ihr sind leider auch nur wenige Interviews geführt worden.

Wie schwierig die damaligen Bedingungen für alle Familienmitglieder sind, lässt sich aus Heinrich Bölls später verfassten Bericht, „Hoffentlich kein Heldenlied" (1981), erschließen: „Glatteis bedeckte in diesem Winter 45/46 fast ständig den Raum, der später die Küche werden sollte. Da waren schon ein paar Pirouetten fällig, wenn die Suppe gekocht werden mußte (...). Es war ein harter Winter, wir schliefen, meistens zu fünfen, darunter mein fünfundsiebzigjähriger Vater (...) gelegentlich auch zu sieben im späteren Schlafzimmer auf Pritschen, die aus geklauten Türen und Balken zurechtgezimmert waren".[20] Fließendes Wasser gibt es nicht. Das Wasser muss aus einem weit entfernten Hydranten geholt werden. Schwierig und gefährlich sind die „Hamsterfahrten“, sie werden meist im Duo unternommen, Annemarie und Mechthild, Heinrich und Alois. Am ehesten war etwas von Bauern im Bergischen Land zu holen, aber wie zeitraubend war es allein schon, über den Rhein zu kommen! Wenn die beiden jungen Frauen die überfüllte und ramponierte Bahn nahmen – manche Leute reisten auf den Puffern mit –, dann nicht ab Hauptbahnhof, denn die Hohenzollernbrücke war gesprengt worden und lag noch im Wasser. Zum für sie weit entfernten Deutzer Bahnhof – einem zerstörten, komplett glasfreien Stahlgerippe – musste man erstmal kommen, und die Deutzer-Hängebrücke lag ebenfalls im Rhein. Möglich war die Rheinüberquerung mittels einer ebenfalls weit entfernten Behelfsbrücke, der McNair-Brücke, im Mai 1945 provisorisch gebaut, Ende 1946 abmontiert. Die Holzbrücke wurde von den Kölnern „der Tausendfüßler“ genannt, wegen der zahlreichen Stützen und Streben, die sie notdürftig trugen. Oft wanderten Mechthild und Annemarie lange mit schweren Rucksäcken am Rheinufer entlang, um eines der überladenen Boote zu finden, die als Fähren herhalten mussten.[21]

Eindrucksvoll ist auch Heinrich Bölls Schilderung des Sommers 1946, als Köln voller Staub war: „Staub, Puder der Zerstörung drang durch alle Ritzen, setzte sich in Bücher, Manuskripte, auf Windeln, aufs Brot und in die Suppe“; „(...) jahrelang dieser Kampf gegen die Atomisierung unermeßlicher Mengen von Mörtel und Stein“. Das sind nicht gerade optimale Bedingungen, um ausgiebig und konzentriert übersetzen und schreiben zu können, doch Heinrich Böll beginnt in dieser Zeit sein literarisches Schreiben wieder aufzunehmen.

Wenn sie es irgendwie einrichten kann, liest Annemarie Böll. Vielleicht ist das ihre kleine Flucht aus dem Alltag; heute würde man das „Me Time“ nennen. Sie liest viel Literatur, Essays, interessiert sich für das Weltgeschehen. Wenn sie sich mit Literatur befasst, dann oft mit englischsprachiger. Und da ist auch der Wunsch danach, irgendwann die Werke, die sie schätzt, der deutschsprachigen Öffentlichkeit zugänglich zu machen, Kulturvermittlerin zu werden. Schon in den frühen vierziger Jahren, nach ihrer Zeit in Upton, hat Annemarie Böll ein großes Interesse

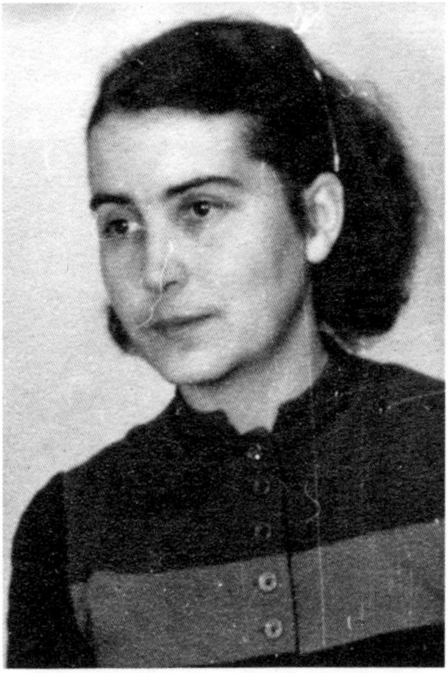

Annemarie Böll, um 1950

am Übersetzen englischsprachiger Werke ins Deutsche entwickelt. Doch im Krieg und in der unmittelbaren Nachkriegszeit ist Annemarie schlicht mit dem Überleben beschäftigt. Zudem muss die deutschsprachige Verlagslandschaft aus den ideologischen und physischen Ruinen. Viele Verleger, Autorinnen und Autoren sind vor Ausbruch des Kriegs emigriert, haben den Krieg nicht überlebt oder sind noch in Gefangenschaft.

In diese Zeit fällt die Heimkehr von Annemarie Bölls jüngerem Bruder Eduard, einem promovierten Juristen, nach Köln. Auch er zieht erstmal zur Familie in die beengte Wohnung in der Schillerstraße. Heinrich Böll versucht sich für den verarmten, aber gut ausgebildeten jungen Mann einzusetzen. Doch wie so vielen Akademikern gelingt es auch ihm nicht, unter den damaligen Umständen eine berufliche Perspektive, die seinem Ausbildungsgrad entspricht, zu finden. Das wird sich nicht so schnell ändern. Heinrich Böll, der seinen Schwager sehr mochte, schreibt seinem Freund Ernst-Adolf Kunz: „Mein Schwager ist immer noch arbeitslos und stempelt sich recht und schlecht durch; er wird überall abgewiesen; weil er völlig unbrutal, anständig und unverbrecherisch ist. Er sinkt unmerklich in wirkliche Verelendung (...). Wenn Du einmal irgendwo das Geringste hörst (Dr. jur., Verwaltungsjurist, seemännische Kenntnisse, auch kaufmännische) denke mal an ihn".[22]

Unter dem Titel „Kreuz ohne Liebe" entsteht ab Juli 1946, in der Kölner Staublandschaft, der erste Nachkriegs- und Antikriegsroman von Heinrich Böll. Ein Verlag findet sich nicht für das Manuskript (der Roman wird erst 2002 posthum erscheinen). Ab 1947 kann Heinrich Böll immerhin erste Kurzgeschichten in Zeitschriften veröffentlichen. Sie sind der Kriegs-, Trümmer- und Heimkehrerliteratur zuzurechnen. Zentrale Themen darin sind die Erfahrung des Krieges und die unmittelbare Nachkriegszeit mit ihren Nöten wie auch den Richtungskämpfen zwischen (ehemaligen) Nazis, Opfern des NS-Regimes und Streitern für ein anderes, weltoffenes, demokratisches Deutschland. Die Texte bleiben weitgehend ohne Resonanz.

1948, drei Jahre nach dem Krieg, als viele Menschen noch in Trümmern leben, fühlt sich Böll schon unverstanden und klagt seinem Freund Ernst-Adolf Kunz: „Mein eigentliches Gebiet ist ja offenbar der Krieg mit allen Nebenerscheinungen und keine Sau will etwas vom Krieg lesen oder hören (...) das macht dich verrückt."[23] Im gleichen Jahr notiert Heinrich Böll: „Meine Frau hat allerlei zu tun, mich täglich vor völliger Verzweiflung zu bewahren."[24]

Der Publizist Klaus Bellin weiß über Heinrich Böll in dieser Zeit: „Er schrieb wie entfesselt, pilgerte von Verlag zu Verlag, handelte sich eine Absage nach der anderen ein und antwortete 1949 einem Zeitungsmann auf die Frage, warum er denn partout mit zerknautschten Manuskripten herumlaufe: ‚Ich habe keine andere Wahl.'"[25]

Heinrich Böll schreibt unter großen Mühen weiter; auch sein nächster Roman, „Der Engel schwieg", wird erst einmal nicht verlegt (erst 1992, posthum). Dass er nicht substanzieller zum Familieneinkommen beitragen kann, bereitet ihm Kopfzerbrechen und Gewissensbisse. Er verrichtet Aushilfsjobs, unter anderem bei seinem Schwager Alois in dessen Schreinerwerkstatt. Sein Freund und Lektor Dieter Wellershoff erinnert sich, Böll habe die gefühlte Berufung zum Schreiben nicht über die Fürsorge für die Familie gestellt: „Meiner Familie gegenüber kann ich jedenfalls eine andere Lebensweise nicht länger verantworten (...) obwohl ich manchmal glaube, eine Aufgabe zu haben, so ist mir die Literatur doch im Grunde genommen keine unglückliche Stunde meiner Frau oder meiner Kinder wert".[26]

Sicher bedeutete das Schreiben für den jungen Mann, der sechs Jahre gegen seinen Willen in einem Krieg, den er zutiefst ablehnte, kämpfen musste, eine Form der Therapie. Auch für Annemarie Böll waren diese Jahre, mit dem Tod ihres ersten Sohnes Christoph, dem Tod ihres Bruders in Russland, der ständigen Angst um Heinrich und dem Totalverlust ihrer Wohnung und anderen Entbehrungen traumatisch. Man kann davon ausgehen, dass die vielen Gespräche mit Heinrich und ihre Beschäftigung mit seinen zu Literatur geronnenen Erfahrungen auch für sie etwas Heilsames hatten.

Im Jahr 1949 erscheint endlich Heinrich Bölls erste längere Erzählung: „Der Zug war pünktlich". Das Buch wird jedoch von Publikum und Kritik kaum beachtet, denn es behandelt ja schon wieder den Krieg – und davon will man in dieser schweren Zeit nicht allzu viel wissen. Angesagt ist eher das Heiter-Beschwingte, das oberflächlich Unterhaltsame. Doch Schriftsteller wie Wolfgang Borchert, Wolfgang Koeppen oder eben Heinrich Böll thematisieren hartnäckig das in Trümmern liegende Deutschland und die zerstörten humanistischen Ideale, die es einmal gegeben hat.

Ohne nennenswerte Resonanz auf seine literarische Arbeit und in Geldnot nimmt Heinrich Böll eine Stelle als Aushilfsangestellter beim Statistischen Amt der Stadt Köln an. Seine wunderbare Kurzgeschichte „An der Brücke" entsteht in dieser Zeit. Hierhin beschreibt er, wie ein Angestellter seiner Aufgabe bewusst nicht korrekt nachkommt, alle Menschen, die täglich eine Brücke überqueren, zu zählen. Eine Frau, die es ihm angetan hat, lässt er immer aus, denn er möchte sie nicht auch in eine Zahl verwandeln.

Es gibt, schreibt Dieter Kühn, bei aller Not in dieser Zeit auch Momente, in denen Annemarie Böll so etwas wie eine kecke Ablenkung ins Haus bringt. Sie versucht beispielsweise ihrem „Hein", wie sie Heinrich nennt, in der engen Wohnung das Tanzen beizubringen, um ihn auf Karnevalsfeste vorzubereiten. Und es ist belegt, dass sie sich von einem wichtigen Gast der Bölls vorzeitig verabschiedet, um an der Weiberfastnacht in Köln teilzunehmen. Es gibt endlich einmal neue Kleidungsstücke, Annemarie entscheidet sich für eine grüne Baskenmütze und grüne Schuhe. Nicht grell, aber doch Farbtupfer.

Im Gespräch mit Dieter Kühn wird Annemarie rückblickend über diese Zeit sagen, dass die Nachkriegsjahre reichlich Not und Sorge brachten, man aber auch nicht ständig unter ihnen litt: „Wir waren sehr vergnügt". Keine Bomben mehr, keine Nazis – zumindest nicht als Partei an der Macht, keine Angst, ins KZ zu kommen. „Ich habe mir gedacht, es wird besser, es wird besser", sagte Annemarie. Thorntons Wilders berühmtes Theaterstück „Wir sind nochmal davon gekommen" (so der Titel der deutschen Fassung) beschreibt vielleicht ein wenig dieses Gefühl. Das Stück handelt von einer Familie, die drei Katastrophen, Eiszeit, Sintflut und Krieg, überlebt und jeweils mit dem Wiederaufbau beginnt.

Am 11. März 1950 wird der vierte Sohn von Annemarie und Heinrich Böll, Vincent, geboren. Die Wohnverhältnisse mit drei Kleinkindern werden immer beengter. Annemarie sucht nun nach einem anderen Quartier, nicht einfach im zerstörten Köln. Wohnungsnot herrscht überall. Für Annemarie Böll ist dieses Jahr, so äußert sie sich rückblickend im Gespräch mit Dieter Kühn, „der absolute Tiefpunkt". Das dritte Kind in der Zweizimmerwohnung und keine Aussicht auf Besserung der katastrophalen Finanzlage.[27]

Dass Heinrich Böll seine Aufgabe als Schriftsteller nicht darin sieht, heimelige und neobiedermeierliche Idyllen zu produzieren, macht spätestens sein Erzählungsband „Wanderer, kommst du nach Spa ..." (1950) deutlich. Diese Kurzgeschichtensammlung begründet seinen Ruhm als Kurzgeschichtenautor; seine kurzen, einprägsamen und emotional knapp dosierten Sätze bringen ihm den Ruf ein, der deutsche Hemingway zu sein.

Als der literarische Erfolg trotzdem zunächst ausbleibt, stärkt Annemarie ihm den Rücken – nicht nur finanziell und in der Organisation des Alltags, sondern auch emotional durch ihren ungetrübten Zuspruch und ihre unerschütterliche Zuversicht. Sie unterstützt Heinrich Böll sogar in seinem Plan, ausschließlich als Schriftsteller zu arbeiten, trotz der großen wirtschaftlichen Unsicherheit, die diese Entscheidung für die Familie weiterhin bedeuten würde. Dazu sei angemerkt, dass Heinrich Böll die Kinderbetreuung nicht selbstverständlich an seine Frau delegierte wie viele Männer seiner Generation. Wann immer es ging, hat er seinen Söhnen die Windeln gewechselt, sich im Schichtdienst mit Annemarie abgelöst, wenn sie krank waren. Besonders gern hat er ihnen vorgelesen. Über das Zusammensein mit seinen Kindern schrieb er: „Diese Beschäftigung ist mir die liebste, lieber als alles andere“.[28]

Annemarie Böll wiederum übt sich in Schreibmaschineschreiben sowie Stenographie und ist Heinrich Bölls erste und wichtigste Leserin. Mit ihr bespricht er alle seine Texte. Annemarie Böll lässt trotz der schwierigen Lebensumstände, der drei kleinen Kinder und der Geldnot der Familie keine literarischen Kompromisse zu. Die Kritik seiner Frau bezeichnet Heinrich Böll gegenüber seinem Freund Ernst-Adolf („Ada“) Kunz als „unfehlbar“.[29]

Sein Kriegsroman „Wo warst du, Adam?“ trägt Heinrich Böll 1951 die Einladung zur Gruppe 47 ein. Er liest den Kolleginnen und Kollegen (es sind fast ausschließlich Männer) eine Humoreske – „Die schwarzen Schafe“ – vor und erhält dafür den Gruppenpreis über 1000 Mark. „Die schwarzen Schafe“ ist eine für Böll nicht untypische Erzählung über eine Familie, in der es in jeder Generation einen „Verlierer“ gibt. Natürlich ist auch der Erzähler ein „Verlierer“. In der Folge erhält Heinrich Böll einen begehrten Autorenvertrag beim Kölner Verlag Kiepenheuer & Witsch, der von nun an sein Hausverlag ist.

Endgültig Anerkennung von einem breiteren Publikum erfährt Heinrich Böll 1953 mit dem Ehe-Roman „Und sagte kein einziges Wort“. Dieser handelt von drei Tagen im Leben eines Paares in der Nachkriegszeit. Fred, ein Familienvater, trinkt und reagiert zunehmend aggressiv auf seine Kinder und seine Frau. Man lebt äußerst beengt, Kinder toben die ganze Zeit um ihre Eltern herum. Die Amtskirche kommt natürlich bei Böll nicht gut weg. Leere Rituale werden über praktische Nächstenliebe gestellt, Hilfe bleibt aus. Nur ein Priester gründet in einer Imbissbude eine Art „Gegenkirche“, die zum Treffpunkt wird... Bölls Arbeitstitel für den Roman war tatsächlich „Imbissstube“. Der Roman ist interessant konstruiert: In dreizehn Kapiteln werden, alternierend aus der Sicht des Mannes und der Frau, Beziehungsprobleme sowie die schwierigen

Heinrich und Annemarie Böll mit ihren drei Söhnen Vincent („Vinc"),
Raimund („Rai") und René, Anfang der fünfziger Jahre

Tuschezeichnung von René Böll, zu einem Zitat von Heinrich Böll: „Interessant ist das Verbrannte, das Ausgeglühte, ist die Asche“

Umstände des alltäglichen Lebens in der unmittelbaren Nachkriegszeit (wie die Wohnungsnot) thematisiert. Es ist im Rückblick mehr als bewundernswert, wie es Heinrich und Annemarie Böll gelungen ist, den Stoff losgelöst von der eigenen privaten Situation und ohne Streit hierüber abstrakt als „literarisches Sujet“ aufzufassen und an ihm gemeinsam zu arbeiten. Denn das Thema speiste sich ja auch aus den eigenen Erfahrungen mit dem ärmlichen, räumlich beengten Zusammenleben.

Leben können die Bölls von den bescheidenen Honoraren zunächst noch nicht. Das Ehepaar Böll arbeitet nun auch zusammen an Übersetzungen, wobei Heinrich, dessen Englischkenntnisse nicht den Anforderungen an professionelle Übersetzer entsprechen, auf die fließenden Englischkenntnisse von Annemarie angewiesen ist.

Im Jahr 1953 erscheint die erste gemeinsame Übersetzung „Kein Name bei den Leuten“ von Kay Cicellis (auf Englisch: „No name in the street“), einer noch sehr jungen Autorin, im Verlag

Kiepenheuer & Witsch als eine Übersetzung von Annemarie und Heinrich Böll.

Wer ist Kay Cicellis, die den Auftakt zu Annemarie Bölls langer Karriere als Übersetzerin markiert? Kaiē Tsitselē oder in der englischen Schreibweise Kay Cicellis, eine französisch-griechische Schriftstellerin, in Marseille geboren, wächst mit der englischen Sprache auf und publiziert nur auf Englisch. Sie ist damals, als die Bölls sich für sie interessierten, eine in Deutschland noch wenig bekannte Autorin (ein Buch ist von ihr zuvor schon auf Deutsch erschienen: „Flut und Ebbe", 1952, übersetzt von George Hill). Heinrich Böll bezeichnet Cicellis/Tsitselē als Vertreterin einer ganz neuen Generation englischsprachiger Schriftstellerinnen und ist beeindruckt von dem unaufgeregten Einsatz ihrer „stillen erzählerischen Mittel", ihrer „leisen Ironie" sowie „der Prägnanz und rationalen Sinnlichkeit" ihrer Bilder. „Rationale Sinnlichkeit" – viele Autorinnen, die Jahrzehnte später in Deutschland Bücher veröffentlichen, hätten sich über solch eine schlichte, nicht erotisierende, nicht verkitschte Sichtweise gefreut.

Nachdem „Kein Name bei den Leuten" 1953 von Kiepenheuer & Witsch herausgebracht wird, machen sich die Bölls auch noch an die Arbeit von „Death of a Town" derselben Autorin, das ein Jahr später unter dem Titel „Tod einer Stadt" auf Deutsch erscheint.

In einer Notiz vom 11. Juli 1953 schreibt Heinrich Böll an den Freund Ernst-Adolf Kunz: „Wir quälen uns an den letzten großen Arbeiten herum: Annemarie hat die Übersetzung fertig (in 6 Wochen), und sie ist gut."[30] In dem Jahr sind die Söhne der Bölls vier, fünf und drei Jahre alt, und man lebt noch sehr beengt. Übersetzt und geschrieben wird am Küchentisch. Dennoch schafft es Annemarie, derart zielstrebig zu arbeiten.

Über das gemeinsame Übersetzen generell schreibt Heinrich Böll am 30. Juni 1956 an den Verleger Joseph Caspar Witsch: „Was die Übersetzungsarbeit betrifft [...] ich mache sie ausgesprochen gern, es ist eine großartige Stilübung [...]. Es ist eben nur quantitativ eine Mordsarbeit; doch ist es ja so, dass wirklich 90 % der Arbeit von meiner Frau allein getan werden." Heinrich Böll liest oft die letzten Fassungen von Annemarie und fungiert eher als eine Art Lektor denn als Übersetzer im engeren Sinne.

Später wird Heinrich Böll in einem Interview, das Thomas Mandl im Deutschlandfunk mit ihm führt (1964), nochmal bestätigen, dass Annemarie die alleinige Verfasserin der ersten gemeinsamen Übersetzung (Kay Cicellis) gewesen sei. Er räumte noch mit der ihm oft eigenen Selbstironie ein: „(...) ich konnte zu dieser Zeit noch gar nicht Englisch, ich konnte nur Deutsch, hoffe ich".[31]

Die anschließenden Jahre bilden die schöpferischste Phase im Schaffen Heinrich Bölls. Von ihm erscheinen – nach dem jeweils strengen Erstlektorat von Annemarie Böll – „Haus ohne Hüter" (1954), „Irisches Tagebuch" (1957), „Doktor Murkes gesammeltes Schweigen und andere Satiren" (1958), „Billard um halbzehn" (1959), „Ansichten eines Clowns"(1963) und „Ende einer Dienstfahrt" (1966).

In seinen viel beachteten Romanen „Haus ohne Hüter" und „Billard um halbzehn" beschäftigt sich Heinrich Böll weniger direkt mit dem Krieg als mit der damals sehr zaghaften Aufarbeitung des Nationalsozialismus. Er stößt damit zunehmend nicht nur bei der gesellschaftlichen Avantgarde auf Gehör. Im Zentrum von Bölls

Annemarie Böll, 1960

Die Familie Böll vor dem Haus in Köln-Müngersdorf, fünfziger Jahre

Kritik an der bundesrepublikanischen Nachkriegsgesellschaft steht deren Orientierung an behördlichen Regeln und traditionsgebundenen Zwängen, an denen unabhängig denkende, ihren eigenen Weg suchende Menschen scheitern. Die sehr deutsche Logik des „Weil das eben so ist" oder „Weil das immer schon so gewesen ist" kontern Heinrich Bölls Protagonisten oft mit Ironie und Witz, zuweilen mit Bitternis.

Noch etwas zum Erstlektorat: Im Werkstattgespräch mit dem Kollegen Horst Bienek sagt Heinrich Böll: „Ich bin noch nie, besonders bei Kurzgeschichten nicht, mit viel weniger als drei Fassungen ausgekommen (...). Genauso ist es mit Romankapiteln. Und ich brauche dazu unbedingt einen Kritiker. Der erste ist meine Frau, die unbestechlich ist, der zweite der Lektor des Verlags".[32] Erst später werden eher lapidar „Freunde", was ja oft kundige Kollegen sind, erwähnt. Annemarie hat Änderungsvorschläge oft direkt in die Typoskripte geschrieben oder Listen mit Änderungsvorschlägen angefertigt. Heinrich hätte diese Spuren leicht verwischen, die Listen nach der Übertragung wegwerfen können, hat sie aber, im Gegenteil, besonders kenntlich gemacht. Auf solchen von ihm aufbewahrten Listen steht dann „Annemaries Korrekturen". Auch nicht „Vorschläge". Was sie sagt, wird meist übernommen. Dieter Kühn betont, dass Annemarie Böll keinen „Familienrabatt" für Heinrich ausgab, nicht nachsichtig war. Nein, es wurde „professionell gearbeitet".[33]

# Kapitel III

Die Bölls engagieren sich für die Sichtbarmachung der jüdischen Kultur in Deutschland. Ende der fünfziger Jahre gab es eine erste größere antisemitische Welle in der jungen Bundesrepublik. So wurde am 24. Dezember 1959, an Weihnachten, durch Mitglieder der rechtsradikalen Deutschen Reichspartei (DRP) die gerade erst wiederaufgebaute und -eröffnete Synagoge in der Kölner Roonstraße geschändet. Zahlreiche weitere Aktionen folgten in verschiedenen Städten, auch in West-Berlin. In zwei zeitkritischen Essays setzt sich Heinrich Böll daraufhin mit dem Thema des andauernden Antisemitismus in Deutschland auseinander wie Ralf Schnell in „Heinrich Böll und die Deutschen“[34] genauer ausführt. Man kann sicher sein, dass Heinrich Böll auch das Thema des aufkommenden Judenhasses intensiv mit Annemarie diskutiert hat.

Annemarie und Heinrich werden Mitbegründer der Germania Judaica, einer Kölner Bibliothek zur Geschichte des deutschsprachigen Judentums. Das Schicksal insbesondere der Kölner Jüdinnen und Juden ging den beiden nahe. In seinem autobiographischen Text „Über mich selbst“ (1959) schreibt Heinrich Böll über seine Heimatstadt, die „die älteste Judengemeinde Deutschlands beherbergte und sie preisgab“.[35]

Erster Ideengeber zur Gründung der Bibliothek war der Kölner Buchhändler Karl Keller. Immer wieder kamen junge Leute auf der Suche nach Literatur über das Judentum zu ihm in die Buchhandlung. Doch er konnte ihnen kaum etwas empfehlen. Keller erkannte, wie sehr es an einer Bibliothek zum deutschsprachigen

Judentum mangelte. Es gab in jenen Jahren keine Einrichtung in Deutschland, die Material aus der Zeit vor Nazi-Diktatur und Holocaust anbot. Weder an Universitäten noch in Bibliotheken konnten sich Interessierte profund über Geschichte und Kultur des deutschsprachigen Judentums informieren. In Annemarie und Heinrich Böll, dem mit den Bölls befreundeten Schriftsteller Paul Schallück, dem Verleger Ernst Brücher und anderen Engagierten fand Keller schließlich Gleichgesinnte: Die Gruppe wollte nun dem weiterhin vorhandenen und wieder aufkeimenden Antisemitismus, alteingesessenen Vorurteilen, Nichtwissen und falschem Wissen über das Judentum entschieden etwas entgegensetzen. Doch die Anfänge sind steinig, der Verein ist mehr als einmal in seiner Existenz bedroht.

Im Jahr 1959 ist es dann doch soweit, die Germania Judaica wird eröffnet: Hinter dem lateinischen Namen verbirgt sich ein einzigartiger Bücherschatz. Die Bibliothek ist heute eine der größten Spezialbibliotheken zur Geschichte und Kultur des deutschsprachigen Judentums weltweit. Mit ihrem Anspruch, gleichzeitig eine Bibliothek für die Wissenschaft wie für interessierte Laien zu sein, ist sie eine einzigartige Institution in Deutschland. Doch als sie begann, umfasste ihr Bestand ganze 180 Bände. Es braucht immer Mutige, die scheinbar aussichtlose Unterfangen, die mit viel Mühe und Kleinarbeit verbunden sind, beherzt beginnen.

Heute gibt es die Bibliothek immer noch, und der Bestand, rund 100.000 Medien, neben Büchern auch Zeitungsbände und CDs, umfasst Werke aus fünf Jahrhunderten, von der Aufklärung bis zur Gegenwart. Ihre Sammelgebiete sind: Geschichte des deutschsprachigen Judentums vom 17. Jahrhundert bis heute, Antisemitismus, Zionismus und Israel, Darstellung der Juden in der Literatur sowie Jüdische Zeitungen und Zeitschriften. Diesen Umfang und das weltweite Renommee, das die Bibliothek genießt, hätten sich ihre Gründerväter und Gründermütter sicher nicht träumen lassen.

Jahrzehnte später wird sich Heinrich Böll in seiner Rede anlässlich des 25-jährigen Bestehens der Bibliothek (1984) erinnern: Man habe damals, auch wenn dies nicht so gern gehört wurde, „die Vernichtung des europäischen Judentums durch die Nazis ... ganz klar beim Namen nennen“ wollen. Hinzu kam die Erkenntnis, dass

„die Wahrnehmung dessen, was geschehen war ... nicht stärker, sondern schwächer" wurde.[36]

Zurück in die späten fünfziger, frühen sechziger Jahre: Die Bölls wohnen jetzt etwas komfortabler. Seit 1954 lebt die Familie in einem Eigenheim in der Belvederestraße in Köln-Müngersdorf. Die nackte Not der unmittelbaren Nachkriegsjahre ebbt ab. Die drei Söhne werden älter und selbstständiger. Auch hier ist der Familiensinn der Bölls beeindruckend: Rund 15 Jahre werden Annemarie und Heinrich Böll, die drei Söhne Raimund, René und Vincent sowie Vater Viktor und die Schwester Mechthild zusammen in der Belvederestraße 35 wohnen (heute lebt der Neffe von Annemarie Böll, Klaus Imdahl, mit seiner Frau Karin in diesem Haus). In den frühen sechziger Jahren wird sich Heinrich Böll jedoch eine Laube, eine Art kleinen Arbeitskabuff im Garten bauen, um sich für besonders intensive Schreibphasen aus dem Getümmel herauslösen zu können.

In seiner literarischen Arbeit nimmt sich Heinrich Böll jetzt mehr den Gegenwartsproblemen der Bundesrepublik Deutschland an. Es entstehen immer häufiger Essays, in denen Böll zur aktuellen politischen Situation Stellung bezieht, ob zur Suez-Krise oder den Notstandsgesetzen. Heinrich Böll versteht sich als einen öffentlichen Intellektuellen als aufgeklärten, verantwortungsbewussten Citoyen. In der Ära Konrad Adenauers nehmen die Bölls als öffentliche Personen eine Gegenposition zum restaurativen Zeitgeist ein.

Heftige Proteste löst Bölls „Brief an einen jungen Katholiken" (1958) aus. Wegen seiner schonungslosen Abrechnung mit dem deutschen Nachkriegskatholizismus setzt der damalige Intendant des Süddeutschen Rundfunks Bölls Text, der ursprünglich für eine Sendung vorgesehen war, kurzfristig ab. Ebenso hart ins Gericht geht Heinrich Böll mit dem Schulterschluss zwischen katholischer Kirche und Adenauer-CDU, einer CDU, die damals mächtiger war als heute (bei der 3. Bundestagswahl am 15. September 1957 gewinnt Konrad Adenauers CDU – Wahlslogan „Keine Experimente" – die absolute Mehrheit). „Sie können getrost Zweifel am Dogma von der leiblichen Himmelfahrt Mariens äußern", heißt es in Bölls

Annemarie und Heinrich Böll in Köln-Müngersdorf, späte fünfziger Jahre

Brief. „Sollte es Ihnen jedoch einfallen, Zweifel am (unausgesprochenen) Dogma von der Unfehlbarkeit der CDU zu äußern, so wird der Pfarrer auf eine nervöse Weise ungemütlich". Der Brief erscheint schließlich noch in der Zeitschrift „Werkhefte katholischer Laien".

Noch mehr Ärger mit der Kirche produziert der Roman „Ansichten eines Clowns" (1963), der zum Bestseller avanciert. Dieser Roman löst die stärksten Proteste von Kirchenvertretern aus. Heinrich Böll erzählt die Geschichte des traurigen Komikers Hans Schnier und wie dieser, ein Nicht-Katholik, seine Geliebte Marie an einen verknöcherten, bigotten erzkatholischen Funktionsträger und Opportunisten verliert. Marie hielt dem gesellschaftlichen Druck ihres Umfeldes nicht stand und verlässt Hans Schnier.

Nach einem Vorabdruck in der Süddeutschen Zeitung fordert die Katholische Kirche die Redaktion der Zeitung auf, die „stellenweise schamlosen Bettgeschichten" in dem Buch dem Zugriff Jugendlicher zu entziehen. Doch auch auf literarischer Ebene entfacht das Buch eine Kontroverse. Auslöser ist eine Rezension von Marcel Reich-Ranicki in der Zeit. Reich-Ranicki, der früher Werke Bölls empfohlen hat, ereifert sich nun darüber, dass Böll angeblich seine Kirchenkritik zu sehr in den Vordergrund rückt und andere gesellschaftliche Sujets und Entwicklungen außer Acht lässt.

Die mangelhafte Aufarbeitung der Nazi-Zeit treibt beide Bölls weiterhin um. Beate Klarsfeld, die 1966 den CDU-Bundeskanzler Kiesinger wegen seiner NS-Vergangenheit öffentlich ohrfeigt, schickt Heinrich Böll als Zeichen der Anerkennung einen großen Blumenstrauß nach Paris. Man darf davon ausgehen, dass dies in beider Bölls Sinne war.

Auch nach Heinrich Bölls Durchbruch als Schriftsteller besteht die enge inhaltliche Zusammenarbeit mit Annemarie fort. Annemarie arbeitet weiterhin in Heinrichs intensiven Schreib- und Korrekturphasen mit, ist und bleibt Erstlektorin. Für sie wird jedoch das Übersetzen aus dem Englischen, was ihr eine Herzensangelegenheit ist, immer wichtiger.

Im Jahr 1962 haben die Bölls – eigentlich vor allem: Annemarie Böll – einen sehr großen Erfolg mit der Veröffentlichung von „Der Fänger im Roggen". Der Roman von J. D. Salinger ist elf Jahre zuvor im amerikanischen Englisch unter dem Titel „The Catcher in the Rye" erschienen. Die ursprüngliche erste deutsche Übersetzung wird häufig den Bölls zugeschrieben. Dies ist jedoch nicht korrekt, da bald nach Erscheinen des Buches in den USA das Buch von der Schweizerin Irene Muehlon übersetzt wurde und unter dem Titel „Der Mann im Roggen" erschien. Allerdings nahm Muehlon nicht die amerikanische Originalversion zur Grundlage, sondern eine bereits überarbeitete englische Variante. Zudem wurde die jugendliche Sprache stark geglättet, lange Textpassagen wurden gestrichen. Nachdem Kiepenheuer & Witsch 1956 die Rechte gekauft hat, wird die deutsche Übersetzung von den Bölls überprüft, bearbeitet und wieder deutlich stärker an das Original angepasst. Die vielen Slang-Ausdrücke und die Jugendsprache setzen viel Einfühlung in den rebellischen Protagonisten voraus. Fast vierzig Jahre später (2003) wird eine neue Übersetzung von Eike Schönfeld erscheinen, die viele Elemente der ganz aktuellen modernen Umgangssprache einarbeitet, dadurch aber, anders als die zeitlosere Böllsche Übersetzung, stärker datiert erscheint.

Doch trotz der hohen sprachlichen Kompetenz von Annemarie Böll wird als Übersetzer nur Heinrich Böll genannt. Das ist wohl

„Der Fänger im Roggen", übersetzt von Annemarie und Heinrich Böll, Ausgabe Kiepenheuer & Witsch

der Marketing-Abteilung des Verlags zu verdanken, die mit dem Namen „Heinrich Böll" schlicht mehr Kundinnen und Kunden anlocken möchte; dennoch ist es ein Ärgernis, dass Annemaries Arbeit oft nicht einmal mit der Erwähnung ihres Namens kenntlich gemacht wird.

Trotz der mehrfach erfolgten, öffentlichen Richtigstellungen von Seiten Heinrich Bölls, wer von ihnen beiden den Löwenanteil an der Übersetzungsarbeit („90 %") geleistet hat, wird wenig später (1966) allein Heinrich Böll zum Ehrenmitglied des Verbandes deutscher Übersetzer ernannt. Annemarie wird übergangen. Es hat sie wohl nicht sonderlich gestört, aber empörend ist diese mangelnde Anerkennung dennoch. Mit einem Übersetzerpreis ist sie auch nie geehrt worden, was wirklich verwundert. Von ihr übersetzte Bücher wie „Der Fänger im Roggen" (1962) und „Als Hitler das rosa Kaninchen stahl" (1973) waren schließlich in Deutschland sehr erfolgreich. Von beiden Romanen wurden jeweils mehr als anderthalb Million Exemplare verkauft.

Wert und Bedeutung von Übersetzungen ist allgemein lange Zeit ignoriert worden. Die Übersetzerinnen und Übersetzer wurden meist als bloße Diener am Werk angesehen. Erst in den letzten drei Jahrzehnten hat man begonnen, Übersetzungen stärker als eigenständige künstlerische Disziplin zu begreifen.

Bei Annemarie Böll muss man daher von einer doppelten Diskriminierung sprechen: einerseits aufgrund ihres Geschlechts, andererseits aufgrund ihrer fast „unsichtbaren" Tätigkeit als Übersetzerin. Dass sie sich wohl nicht viel aus der mangelnden öffentlichen Anerkennung gemacht hat und ihr offenbar nur die positive Rückmeldung von geschätzten Menschen wichtig war, ändert nichts an dieser strukturellen Ungerechtigkeit.

In den folgenden Jahren wird Annemarie Böll trotz der aufregenden gesellschaftspolitischen Zeit, trotz „68", der Nobelpreisverleihung an ihren Mann (1972), „Deutscher Herbst", Springer-Hetze, Friedensbewegung, der Erziehung von drei Jungen, trotz der Krankheiten ihres Mannes und dem frühen Tod des Sohnes Raimund kontinuierlich mehr als 70 Romane ins Deutsche übersetzen (und 200 Texte, wenn man auch Kurzgeschichten, Essays und andere kleinere Werke mitzählt). Zu den von ihr übersetzten Autorinnen und Autoren gehören bekannte und weniger bekannte Namen wie Brendan Behan, Flann O'Brien, Eilis Dillon, J. D. Salinger, George Bernard Shaw, O. Henry, Norman Levine, Patrick White und Judith Kerr.

Was die Auswahl der übersetzten Autorinnen und Autoren angeht, besitzt Annemarie Böll ein untrügliches Gespür für Qualität und Originalität: J. D. Salinger wird weltberühmt, ebenso Judith Kerr (von Salinger und Kerr übersetzt Annemarie Böll noch weitere Werke). Sie hat mehrere Werke von Nobelpreisträgern übersetzt, so von George Bernard Shaw. Bernard Malamud, den Annemarie Böll auch sehr geschätzt hat, erhält für sein Werk zweimal den National Book Award und einmal den Pulitzer Preis. Oft hat sie Werke von Autorinnen und Autoren übersetzt, bevor diese die höchsten Auszeichnungen erhielten.

Gleichzeitig hat Annemarie Böll viel Interesse an und Empathie für randständige Autorinnen und Autoren, deren künstlerischer Werdegang weniger geradlinig ist und die bis dato keine großen Preise erhalten haben. So begeistert sie sich für das Werk von Flann O'Brien, einem streitbaren Schriftsteller: Nachdem

Gesucht werden die Ausdrücke für:
==================================

1.) billigen Wermut-Wein Tiffi / Ucvald-Maggi / Titorino ...

2.) landstreicherartige Existenz in der Großstadt .......... Penner ..................

3.) Gerichtsbeamte Maschores (ring. t plur.) ......

4.) Richter ..... Kadi .................

5.) Fingerabdruck . print .............
4 machen = Klavier spielen

6.) Gefängniskapelle . Dom ...............

7.) Haftzeit, z.B. 1o. J. absitzen 10 Jahre Knast schieben

8.) Betrüger, Schwindler . Linker .............

9.) Zigaretten ... Schmergel ...
1,- = Aleph-Schuk ...

1o.) Geldmünzen bis 5,-DM ..... 2,- = Bey-Schuk
3,- = Kimel-Schuk ...
5,- = Heyermann 4,- = Dollar-Schuk

11.) Geldscheine 1o,-/2o,-/5o,-/1oo,- DM ..........
10,- = Nunna / 20,- = Kaff-Schuk / 50,- = 1/2 Schein
100,- = Schein

12.) Fluchthelfer von drinnen ....... } Spann-Mann

13.) Fluchthelfer von draussen ..............

bitte abgeben bis spätestens:
17.April 1965

Übersetzungsarbeit von Annemarie und Heinrich Böll, Notizen von Annemarie Böll für die Übersetzung von „Der Spanner" von Brendan Behan

O'Brien eine Satire über einen Minister verfasst hatte, verlor er erst einmal seinen Brotjob. Dafür wurde er jedoch zumindest einem kleineren Publikum bekannt als einzigartiger Schöpfer bizarrer Charaktere und als Meister des Wortspiels. Zentrale Themen seines Werks sind Trunksucht, Fahrräder, der Tod sowie die Schafe als Gegenstand molekularphysikalischer Gedankenexperimente als Teil O'Brienscher Wissenschaftsparodie.

Bemerkenswert ist, wie es Annemarie Böll gelingt, den Tonfall jeder einzelnen Figur zu treffen, ihre jeweilige Sprache sehr individuell zu modulieren. Sie scheint die Charaktere ganz von innen heraus zu begreifen. Dabei interessiert sie sich oft für sprachlich innovative, aber nicht unbedingt leicht übersetzbare Texte. Der von ihr übersetzte und geschätzte George Bernard Shaw argumentiert beispielsweise, dass es kein korrektes Englisch gibt. Englisch sei eine lebendige Sprache, die sich eben im Laufe der Zeit verändert. Die Idee eines korrekten Englisch sei ein Mythos – aufrechterhalten von denen, die von der Idee einer Standardsprache profitieren. Mit dem Schriftstellerrebell Brendan Behan (irisch: Breandán Ó Beacháin) wendet sich Annemarie Böll einem weiteren Autor zu, der eine illustre Persönlichkeit gewesen ist.

Sie interessiert sich für ihn als einem kühnen Erneuerer der englischen Sprache und des Theaters. Sein Humor und seine umgangssprachlichen, oft von mitreißenden Songs unterbrochenen Dialoge markieren einen neuen, antielitären Stil, der sie anzieht. In Deutschland wird Brendan Behan durch die Übersetzungen von Annemarie (und Heinrich) Böll bekannt. Seine Stücke werden von Peter Zadek inszeniert.

Für die Bölls beginnt Mitte der Fünfziger Jahre ihr „irisches" Kapitel. Heinrich Böll reiste 1954 zum ersten Mal nach Irland. Er schrieb in einem Brief an seine Familie am 7. Oktober 1954 aus Killarney: „Es ist so schön hier, daß ich sehr traurig bin, Euch nicht hier zu haben; Seen, Berge, Wolken und jene unbeschreiblichen, stets wechselnden Lichter, die ich noch nie gesehen habe. Ich bin sehr froh, nach Irland gefahren zu sein. Ich denke, daß wir, wenn wir im nächsten Jahr Geld haben, hier wirklich mit den Kindern einmal hinfahren sollten."

Ein Jahr später fuhren dann alle zusammen nach Irland. René Böll erinnert sich später in der Korrespondenz mit der Autorin: „Wir blieben dort auch in den Folgejahren immer 4 Monate und wurden von meiner Mutter und auch meinem Vater unterrichtet (...). Wir genossen dort große Freiheit, waren stundenlang alleine unterwegs und fuhren später mit unserem eigenen kleinen Boot weit aufs Meer hinaus. Unsere Eltern erlaubten das, obwohl sie – zu Recht – große Angst hatten. Nie habe ich meine Eltern so entspannt erlebt wie in Irland."

Erstmalig im Sommer 1955 verbringen sie ihre Ferien in Irland. Damals sind viele Iren noch bettelarm und streng katholisch. Jahrzehnte zuvor hat eine Art Braindrain in die Vereinigten Staaten stattgefunden, unter dessen Folgen das kleine Land immer noch leidet. Die beiden haben sich einen besonders abgelegenen Fleck ausgesucht: Achill Island, eine Insel im Nordwesten des Landes. Die Gegend ist stockkatholisch, sehr ländlich. Die Grafschaft Mayo, zu der Achill Island gehört, ist eine der ärmsten des Landes. 87 Prozent der Insel sind von Torfmooren bedeckt und „rückständig": Viele Häuser sind noch nicht mit Elektrizität ausgestattet, auch fließendes Wasser ist keine Selbstverständlichkeit. Wenigstens ist die Insel seit Ende des 19. Jahrhunderts über eine Brücke mit dem Festland der Halbinsel An Corrán verbunden.

Annemarie und Heinrich Böll suchen hier Abstand von Deutschland mit seiner vielstimmigen „Wir haben nichts gewusst"-Mentalität.

Sie fühlen sich angesprochen vom einfachen Leben auf Achill Island–in einer Zeit, in der es die Mehrzahl der Deutschen nach den Entbehrungen des Kriegs und der unmittelbaren Nachkriegszeit an Orte des Überflusses und des Luxus zieht, in Kaufhäuser, Haushaltswaren- und Möbelgeschäfte. Die Deutschen erfreuen sich an neuen Annehmlichkeiten, den Früchten des wirtschaftlichen Aufschwungs. Und wenn es in den Urlaub geht, dann bitte in den Süden, am Liebsten nach Italien. Man möchte sich ablenken, vergnügen, vergessen. Die Bölls wollen aber weniger. Die Melancholie und Kargheit der Landschaft von Achill Island schreckt sie nicht ab. Im Gegenteil. Sie besuchen das Ruinendorf Deserted Village, Böll wird es in seinem Irischen Tagebuch beschreiben (nämlich im 5. Kapitel, „Skelett einer menschlichen Siedlung"). Dieses Dorf wurde wahrscheinlich im 19. Jahrhundert infolge der großen Hungersnot in Irland (1845–1849) verlassen. Die noch erhaltenen Mauern des rund 100 Steinhäuser umfassenden Dorfes geben einen Einblick in die damaligen harten Lebensbedingungen der irischen Landbevölkerung.

Die Bölls übersetzen unter anderem „Die Boote fahren nicht mehr aus", einen Bericht des irischen Fischers Tomás O'Crohan (1856–1937), der sein Leben lang auf einer sehr abgeschiedenen Insel verbracht hat.

Natürlich bedeutet Irland und das Eintauchen in solch eine Art Literatur für Annemarie und Heinrich Böll auch eine Flucht aus dem anstrengenden Leben als öffentliche Personen in Deutschland, zumal Heinrich Böll ständiger Kritik und Anfeindungen ausgesetzt ist. Auf Achill Island können beide gut arbeiten, sich konzentrieren, ohne Ablenkung, ohne das Gefühl, auf Schritt und Tritt beobachtet zu werden.
René Böll spricht von einem „Rückzugsort" für seine Eltern, „dessen Bedeutung kaum überschätzt werden kann: „Hier wurden und werden wir als Familie seit 1955 willkommen geheißen. Die Bekanntheit Heinrich Bölls sprach sich hier erst seit 1972 herum, als er den Nobelpreis bekam, auch danach spielte seine Prominenz nie eine Rolle, und das war gut so. Oft war er dort wochenlang alleine und hatte die Ruhe vor all den Anforderungen, die auf ihn als Schriftsteller einstürmten, all die Telefonate und Briefe und die Anfragen der Presse."[37]

Im Jahr 1958 suchen sie sich eine feste Bleibe, ein eigenes Haus auf Achill Island. Einen Spaziergang von Keel entfernt in Dugort liegt das weiße Heinrich-Böll-Cottage gleich am Ortseingang. Von hier aus hat man einen Blick auf den Atlantik. Nun wird Achill Island den Bölls zu einer zweiten Heimat. Die Familie verbringt viele Sommer in diesem Cottage, ein nicht geringer Teil von Heinrich Bölls Texten entstehen hier – und auch viele Übersetzungen von Annemarie. Doch die beiden interessieren sich auch für ihre neue irische Umgebung. Edward King, Sohn des Inselarztes, der eng mit Annemarie und Heinrich Böll befreundet war, weiß zu berichten, dass die beiden Teil der Gemeinschaft wurden und nicht nur „hinter verschlossenen Türen" in ihrem Cottage saßen.

Die Bölls beschäftigen sich auch kritisch mit der Geschichte, insbesondere der katholischen, in Irland, zum Beispiel mit Blick auf das Schicksal ungetaufter Kinder. René Böll hat sich später in seiner eigenen künstlerischen Arbeit auch diesem Thema angenommen, insbesondere mit Blick auf die Gräber verstorbener ungetaufter Kinder.

Annemarie Böll lernt in Irland neue Autorinnen und Autoren kennen; sie fungiert als eine Art literarischer Scout. Sie übersetzt nicht nur, was ihr große Verlage auf den Tisch legen, sondern sie begibt sich selber auf die Reise in fremde Texte von zum Teil völlig unbekannten Autorinnen und Autoren. Der von ihr getroffenen Auswahl merkt man an, dass sie bestimmte Werke, die von einem humanistischen Weltbild getragen werden, gezielt fördern will.

Heinrich Böll beginnt seine Eindrücke aus Irland zunächst in der „Frankfurter Allgemeinen Zeitung" zu veröffentlichen. 1957 kommen seine überarbeiteten und ergänzten Impressionen in 18 Kapiteln als „Irisches Tagebuch" heraus und werden ein immenser Erfolg. Das „Irische Tagebuch" verkauft sich millionenfach und ist bis heute eines der erfolgreichsten Bücher von Heinrich Böll. Es wohnt ein besonderer, sehr gelassener Zauber in den Beschreibungen Bölls. Auch wenn es dieses Irland so nicht mehr gibt und vielleicht auch nie gab – in der poetischen Prosa des Autors können sich Leserinnen und Leser zu allen Zeiten versinken lassen, auch heute noch.

Das Irland-Bild der Deutschen hat jedenfalls niemand nachhaltiger geprägt als Heinrich Böll mit seinem „Irischen Tagebuch". Es gibt wohl kaum einen deutschen Touristen auf der Insel, dem das Böllsche Tagebuch kein Begriff ist. Ein dokumentarischer Reisebericht ist es trotzdem nicht. „Böll hat seine Freiheit als Schriftsteller genutzt und manches hinzuerfunden, zum Beispiel den Kupferkessel im Kapitel ‚Die schönsten Füße der Welt'", konstatiert Michael Marek rückblickend im Deutschlandfunk.[38]

Bis heute ist der Haupteinnahmezweig von Achill Island der Tourismus, der sich seit den sechziger Jahren entwickelt hat. Daran haben Annemarie und Heinrich Böll keinen unerheblichen Anteil.

Auch für Elizabeth Barrett bleiben Annemarie und Heinrich Böll die Anstifter einer großen Reisewelle von Deutschland nach

Annemarie Böll in Irland (Mitte der fünfziger Jahre)

Dublin und Achill Island, die bis heute nicht verebbt ist: „Er hat uns allen hier geholfen. Die Deutschen haben auf seinen Spuren zu uns gefunden, und sie kommen noch immer! Wer weiß, ob sie ohne das ‚Irische Tagebuch' nach Irland gekommen wären. Aber: Sie waren fasziniert von dem sehr einfachen Leben – so wie es damals eben war."[39]

Das Böll-Haus auf Irland gibt es weiterhin: Die Familie hat sich dafür eingesetzt, dass das Haus für Stipendiatinnen und Stipendiaten geöffnet wird. Schriftstellerinnen und Schriftstellern können hier nun jeweils einige Wochen im Jahr ungestört leben und arbeiten. Mittlerweile gehört das Böll-Cottage dem örtlichen Förderverein „Achill Heinrich Böll Association". Jedes Jahr im Mai treffen sich zudem Böll-Expertinnen und Experten, -Pilgergruppen, begeisterte Leserinnen und Leser oder auch einfach interessierte Touristinnen und Touristen zu einem Gedenk-Wochenende, an dem auch aus dem berühmten „Irischen Tagebuch" gelesen wird. In den Sommermonaten werden im Innenhof Kammerkonzerte gegeben. Eine Besichtigung des Böll-Cottages selbst ist jedoch

Cottage der Bölls in Dugort, Irland

Raimund („Rai"), René, Heinrich und Annemarie Böll in Jugoslawien, 1961

ausdrücklich nicht gestattet, um bei schriftstellerischen Arbeiten nicht zu stören.

In die Zeit Anfang der sechziger Jahre fällt auch ein sehr aufregendes Ereignis im Leben von Annemarie Böll, das sie quasi zurück in ihre alte Heimat katapultiert: Sie nimmt 1961 eine Einladung des tschechischen Schriftstellerverbandes an ihren Mann mit an (und auch ihr Sohn Raimund kommt mit). Auf der Rückreise schmuggeln sie die tschechische Pianistin Jaroslava Mandlová illegal in ihrem Citroën über die Grenze. So einfach ist das alles natürlich nicht. René Böll hat darüber Auskunft gegeben: „Der Aktion war viel Kopfzerbrechen vorausgegangen, wie das am besten klappen könnte. Meine Eltern entschieden sich dann auf den Rat des befreundeten Zauberkünstlers Alexander Adrion hin und mithilfe des Grafikers Reinhold Meier für den Umbau unseres Autos. Der Wagen wurde so eingerichtet, dass hinter dem Rücksitz ein Hohlraum entstand, in dem sich Jaroslava Mandlová verstecken konnte. Meine Eltern waren – wie so oft – bereit, ein hohes Risiko einzugehen. Was ein Auffliegen der Aktion an diplomatischen Schwierigkeiten hätte bedeuten können – die beiden haben sich das nie wirklich vor Augen geführt. Der Coup gelang. In Köln wurde Frau Mandlová von ihrem Mann erwartet, der sich kurz zuvor hatte absetzen können und zeitweise bei uns wohnte. Mein Vater war zu dieser Zeit in der Tschechoslowakei schon bekannt und geschätzt, in den Fünfzigerjahren hatte man erste Texte übersetzt. Mandlová und meinen Eltern gelang es, die Geschichte geheim zu halten, auch die Behörden in Prag hatten offenbar nichts mitbekommen“.[40]

In die frühen sechziger Jahre fallen jedoch auch weitere wichtige Reisen für die Bölls: Sie fahren mit ihrem Citroen von Köln nach Jugoslawien, das damals noch keinen Massentourismus kennt. Diese Reise („Es gibt so viel zu sehen, zu beobachten, so dass wir ganz hingerissen sind“) gerät auch ein wenig zu einer Reise in die Vergangenheit: Heinrich Böll schreibt über das sehr ländliche Leben, die vielen Fischer und über Frauen, die strickend oben auf Heuwagen sitzen. Er merkt an, dass Annemarie von dieser Reise besonders fasziniert ist. Wieder ist es der „Minimalismus“, das Auskommen mit Wenigem, das ihr imponiert.

In die Sowjetunion reisen die beiden auch. Von diesen Reisen sind sie nicht „hingerissen“, sie nehmen sie eher zwiespältig auf: Das viele sinnlose Herumwarten überall und auf alles, die kafkaeske Bürokratie, das viele Grau, die vielen Indoktrinationen mittels roter Spruchbanner im Stadtbild, die Schwierigkeiten, sich frei zu bewegen, die überall scheinbar gelangweilt herumlungernden „Beobachtungsposten“, die Hindernisse, die einem in den Weg gestellt werden, wenn man vom System beargwöhnte Kollegen treffen möchte – alles das macht ihnen zu schaffen. Böll wird aber ins Russische übersetzt, erhält Einladungen zu Lesungen.

In Moskau beginnt eine jahrzehntelange wichtige Freundschaft für die Bölls: mit dem aus einer jüdischen Familie in Kiew stammenden Germanisten Lew Kopelew und seiner Frau Raissa Orlowa-Kopelewa. Kopelew schreibt nach der ersten Begegnung über Annemarie: „Annemarie sehr lieb, sympathisch, gütiger Blick, rundes, weiches Gesicht, sieht slawisch aus. Ihr Mädchenname Cech. Vorfahren aus Böhmen. Sie ist sein erster Leser, erster Lektor, erster Kritiker (...). Annemarie spricht wenig, sie hat einen klugen Blick.“

Lew Kopelew hat Heinrich Böll auch (in einem auf den 21. November 1962 datierten Schreiben) auf Alexander Solschenizyn, „so heißt der neue Autor", aufmerksam gemacht. Dessen „Ein Tag aus dem Leben des Iwan Denissowitsch" (deutsch 1963) hat Heinrich Böll auf einer Fahrt nach Irland gelesen. Er schreibt dem Freund Lew Kopelew später: „Das Buch hat mich sehr bewegt und tief beeindruckt."[41]

Zurück in Deutschland bleiben Heinrich und Annemarie in Kontakt mit zahlreichen Freunden und Bekannten in der Sowjetunion. Insbesondere mit Lew Kopelew und seiner Frau pflegen Annemarie und Heinrich einen sehr herzlichen Kontakt. Annemarie Böll übernimmt oft die Korrespondenz; organisiert und koordiniert Hilfen. Zum Beispiel besorgt sie erbetene Hygieneartikel, Medikamente und Kleidung. Auch Heinrich und Lew schreiben sich. In ihrem berührenden Briefwechsel denken sie unter anderem nach über den Weltkrieg und ihre jeweilige Perspektive – schließlich standen sie auf verschiedenen Seiten der Front.[42]

Im Jahr 1966 erwerben Annemarie und Heinrich Böll einen im Vergleich zu Irland weniger fern gelegenen, nicht nur per Flugzeug erreichbaren „Zufluchtsort": in der Eifel. Es ist eine denkmalgeschützte Hofanlage in Langenbroich, vermutlich aus dem 17. Jahrhundert (ein Stein verrät das Datum 1626, es ist unklar, ob das ganze Haus aus dieser Zeit stammt oder nur der Stein, der vielleicht einfach später eingemauert worden war). Es wird das Ferien- oder Sommerhaus der Bölls, später bekannt unter dem Namen Heinrich-Böll-Haus Langenbroich. Auch dieses Haus verfügt heute über ein breit aufgestelltes Stipendiatenprogramm. Heinrich Böll wird ihm noch in vielen seiner Werke ein literarisches Denkmal setzen, so in dem Roman „Fürsorgliche Belagerung" (1979) und in seinen Essays „You enter Germany" (1966), „Die Juden von Drove" (1982) und „Lauter Belästigungen" (1985).

Hier finden Annemarie und Heinrich Böll in einer gesellschaftlich sehr bewegten Zeit die notwendige Ruhe für die Arbeit an Romanen und Übersetzungen. In dieser Zeit verstärkt sich das politische Engagement der Bölls weiter. Die Zahl von Heinrich Bölls essayistischen Schriften und Reden wird im Verhältnis zu den Romanen und Erzählungen immer größer. Es folgt eine Einladung auf die andere, auch „innere Aufträge" gehen den Bölls als politisierten Menschen und engagierten Bürgern nicht aus. An der Frankfurter Universität hält Heinrich Böll Vorlesungen zur Poetik, in denen er seine bekannt gewordene „Ästhetik des Humanen" entwickelt. Bei einer Veranstaltung gegen die geplanten Notstandsgesetze spricht er vor 70.000 Demonstranten. In der Presse wendet er sich gegen massive Angriffe von DDR-Zeitungen auf den Lyriker und Liedermacher Wolf Biermann (Biermann wird später, nach seiner Ausbürgerung, oft bei den Bölls zu Gast sein). Und Heinrich Böll schafft es, weiterhin viel zu schreiben, unterstützt von Annemarie. 1967 erhält Heinrich Böll eine erste große Auszeichnung: den Georg-Büchner-Preis der Deutschen Akademie für Dichtung und Sprache.

Doch auch wenn die Bölls jetzt finanziell deutlich besser dastehen, ändert sich nicht viel an ihrem Lebenswandel. So weiß Biograph Dieter Kühn über Annemarie Böll: „Trotz grüner Baskenmütze, grünen Schuhen: Unauffälligkeit, Zurückhaltung, Bescheidenheit bleiben charakteristisch: Auch in den üppigen Jahrzehnten wird sich Annemarie Böll keine Extravaganz leisten. Schmuck spielt kaum eine Rolle, die Garderobe bleibt schlicht. Annemarie gehörte auch nicht zu den Frauen, die kritisch die Kleidung ihres Partners im Blick behalten und durch diskrete Anschaffungen zuweilen nachhelfen – gelegentliche fotographische Rückansichten von Böll zeigen geradezu alt-irische Hosenformen. Und die breitgerippte Cordjacke begleitete ihn beim Schreiben mehrerer Bücher. Auch die Wohnungseinrichtung des Ehepaars blieb bescheiden, das Essen blieb bescheiden."[43]

Ruhe wird für die Bölls immer nötiger, da Heinrich Bölls Gesundheit angeschlagen ist. 1967 erleidet er einen Kollaps, möglicherweise aufgrund einer Überzuckerung. Der nun erkannte Diabetes mellitus und eine akute Hepatitis zwingen ihn monatelang, sich zu schonen. Aber es sind nicht nur physische Gebrechen und die vielen zeitaufwändigen und nervenaufreibenden Arztbesuche, die ihm zu schaffen machen: In dieser Zeit leidet Heinrich Böll, vielleicht mitverantwortet durch seinen schlechten körperlichen Zustand, unter Depressionen.

Annemarie Böll steht ihm nun auch zur Seite, schafft es dennoch, einen Jugendroman von Eilís Dillon zu übersetzen. Dillon ist heute eine der bekanntesten irischen Autorinnen, deren vielgestaltiges Werk in 14 Sprachen übersetzt wurde. Dillon verfasste mehr als 50 Romane und Erzählungen, Gedichte, Historienromane, Krimi und Phantastik bis hin zu Kinder- und Jugendliteratur. Annemarie Böll schätzt sie sehr und fördert ihr Ansehen im deutschsprachigen Raum.

Leider gibt es von Annemarie Böll selbst kaum Aussagen zu ihrem übersetzerischen Werk, zu den Herausforderungen, die diese anspruchsvolle Tätigkeit mit sich bringt. Fehlerquellen bieten sich einem ständig. Scherzhaft erzählt Heinrich Böll einmal von dem Begriff „clerical error", der ihnen beiden untergekommen sei. Er sei eben nicht mit „klerikaler Irrtum" zu übersetzen, sondern mit „Schreibfehler" – ein Echo aus dem Mittelalter, aus einer Zeit, in der das Schreiben in erster Linie Tätigkeit der Mönche war.

In Ermangelung von Aussagen Annemarie Bölls möchte ich an dieser Stelle einmal beispielhaft Uwe-Michael Gutzschhahn, einen bekannten Schriftsteller und Übersetzer aus dem britischen und amerikanischen Englisch zu Wort kommen lassen. Von den Schwierigkeiten des Übersetzens aus dem uns scheinbar so vertrauten Englisch kann folgender Interviewausschnitt vielleicht einen Eindruck vermitteln.

Wie Annemarie Böll in ihren späteren Jahren hat Uwe-Michael Gutzschhahn vor allem Kinder- und Jugendromane übersetzt. Im Gespräch mit dem Münchener Übersetzerforum (MÜV) werden ihm im Vorfeld der Frankfurter Buchmesse im Herbst 2018 diese Fragen gestellt:

MÜV: „Worin besteht die Herausforderung des Vermittelns anderer Welten?"

Uwe-Michael Gutzschhahn: „Es ist immer wieder eine Überlegung, wie es gelingt, eine Erzählung, einen Roman in seinem Umfeld verwurzelt zu lassen. Es muss hörbar sein, dass das Buch in Kanada, in den USA oder Australien spielt. Begriffe wie Mom, Dad oder Grandma machen sofort hörbar, dass die Geschichte nicht in Duisburg oder Stuttgart spielt. Trucks fahren durch Australien, Lastwagen über die A9. Es gibt Bäume in Kanada, deren

Name für sich sprechen muss. Doch weil zum Beispiel Kinder keine Vorstellung von Meilenangaben haben, rechne ich da oft in Kilometer um. Das Schulsystem ist in den USA anders als bei uns, also bleiben die dortigen Begriffe stehen. Wenn etwas gar nicht aus dem Zusammenhang verständlich wird, schiebe ich schon mal einen erklärenden Halbsatz ein, aber Vorsicht. Wer spricht die Erklärung? Im Dialog hat sie keinen Platz, sondern höchstens da, wo von außen erzählt wird."

MÜV: „Inwiefern hat dich das Literaturübersetzen verändert? (...) Welche Transformation wünschst du den Lesern deiner Bücher?"

Uwe-Michael Gutzschhahn: „Das Literaturübersetzen hat mich nicht verändert. Ich komme aus der Lyrik, für mich war die Musik der Sprache immer das zentrale Element meines Umgangs mit jedem Text. Früher war ich oft mit den von mir übersetzten Autoren auf Lesereise in Schulen. Heute denken Lehrerinnen und Lehrer meist, dass ihre Schüler genügend Englisch können, um den Autor im Original zu verstehen. Das ist richtig und doch falsch. Literatur ist nicht allein Handlung, nicht nur das, was gesagt wird, sondern vor allem, wie es gesagt, wie es erzählt wird. Wenn einem Schüler, einer Schülerin eine Vokabel fehlt, lässt sie sich googeln. Aber im Deutschen genau das passende Wort zu hören, setzt voraus, dass man einen möglichst unendlichen Wortschatz in seiner Muttersprache zur Verfügung hat. Daran arbeite ich. Ich setze aber nicht voraus, dass jeder Lesende selbst über so einen Wortschatz verfügt. Er muss nur spüren, dass jeder Satz genau so und nicht anders klingen darf. Das ist meine Aufgabe als Übersetzer."

Einen ähnlich hohen Selbstanspruch dürfte Annemarie Böll an sich gestellt haben. Ihre Übersetzungen gelten nach wie vor als exzellent.

Umso mehr ergibt sich die Frage, warum sie nicht ein einziges Mal einen Preis erhalten hat, zumal Heinrich Böll bekanntlich mehrfach öffentlich bekundet hat, so im Deutschlandfunk (1964) und im Mittagsmagazin vom WDR (1978), dass sie „die eigentliche Übersetzerin der Familie" sei. Zudem sind im Herder Verlag Übersetzungen von Annemarie Böll erschienen, für die sie als Übersetzerin allein verantwortlich zeichnete. Und es sollten noch etliche Bücher hinzukommen, auf denen steht: „Übersetzt von Annemarie Böll". Dennoch, kein Übersetzerpreis.

In den letzten Jahren sind eine ganze Reihe von Übersetzungsförderprogrammen, unter anderen vom Goethe Institut, von der Frankfurter Buchmesse sowie von verschiedenen Landesregierungen ins Leben gerufen worden. Es gibt heute eine Vielzahl von Aufenthaltsstipendien, die explizit für Übersetzerinnen und Übersetzer ausgeschrieben werden, von New York City über Paris, Salamanca, Oslo bis Krakau. Nach der Wende, beflügelt von der neuen europäischen Nähe zueinander, wurden drei der heute bekanntesten und wichtigsten Häuser für Übersetzerinnen und Übersetzer gegründet: das Übersetzerhaus in Straelen (NRW, gegründet 1992), das Übersetzerhaus Looren in der Schweiz (gegründet 2000) sowie das Baltic Centre for Writers and Translators in Visby auf der Insel Gotland (Schweden, gegründet 1993). Alle drei bieten eine kreative und inspirierende Umgebung, um konzentriert arbeiten und sich mit anderen Fachleuten austauschen zu können. Es gibt derweil auch Arbeitsstipendien für diejenigen, die nicht ihren Wohnort verlassen können oder wollen (zum Beispiel durch familiäre Verpflichtungen, wie Annemarie Böll sie lange Zeit gehabt hat). Neue Preise für Übersetzerinnen und Übersetzer wurden ins Leben gerufen. Beispielhaft hierfür ist der Paul-Celan-Preis, der seit 1988 vergeben wird, zunächst nur für Übersetzungen aus dem Französischen, seit 1994 sprachenübergreifend. Er ist derzeit mit 25.000 Euro dotiert. Von solch einer Auswahl an Fördermöglichkeiten und hiermit verbunden auch Ehrung, Resonanz und „monetärer Wertschätzung" hätte Annemarie Böll nur träumen können.

Kaum ist Heinrich Böll wieder auf den Beinen, richten sich ihre Blicke für eine Weile wieder auf Annemaries alte Heimat. Denn in der Tschechoslowakei regt sich, verbunden mit großen Hoffnungen auf gesellschaftliche Erneuerung, der „Prager Frühling". Der Tschechoslowakische Schriftstellerverband lädt Heinrich Böll, Louis Aragon und Jean-Paul Sartre zum Besuch in die CSSR ein. Heinrich Böll nimmt die Einladung im August 1968 an. Und so werden die Bölls, dieses Mal begleitet von ihrem Sohn René, Zeugen der Invasion der CSSR durch die anderen Staaten des Warschauer Paktes.

Die Demokratisierungsversuche der Regierung von Alexander Dubček werden mit Waffengewalt beendet.

René Böll hat hierzu einen eindrucksvollen Bericht verfasst: „Am Abend des 20. August trafen wir in Prag ein. Der Schriftstellerverband hatte uns Zimmer im Interhotel Alcron reserviert. Es lag nur wenige Meter vom Wenzelsplatz entfernt. Es war die Nacht, in der die Panzer rollten. Am Morgen, wir waren kaum wach, erfasste Unruhe das Hotel. Ich hörte jemanden rufen ‚Wir sind besetzt!', höre es noch, als wäre es heute. Wir rätselten über den Sinn dieser Worte. Wir dachten zunächst noch, die Personen, die uns empfangen wollten, hätten keine Zeit. Wir rissen die Zimmertür auf und erfuhren, was geschehen war. Truppen einiger ‚Bruderländer' hatten auf Weisung aus Moskau die Tschechoslowakei besetzt, um das Experiment eines demokratischen Sozialismus, um den ‚Prager Frühling' unter dem charismatischen Parteichef Alexander Dubček brutal niederzuwalzen. Wir hatten zwar das Brummen der Flugzeuge in der Nacht gehört, aber uns nichts dabei gedacht.

Der Prager Frühling war für viele eine Verheißung gewesen. Über Dubčeks Reformen wurde – auch im Westen – heiß diskutiert. Viele linke Demokraten und Liberale machten sich große Hoffnungen; dogmatische Kommunisten indes, wie die Betonköpfe der westdeutschen DKP, verurteilten den Reformversuch.

Nun aber war der große Aufbruch ganz offenbar gescheitert und vorbei. Der Anlass unserer Einladung nach Prag – die Entwicklung eines, wie es hieß, ‚Sozialismus mit menschlichem Antlitz' zu analysieren und vor allem auch die Rolle der Literatur zu befragen und zu diskutieren – hatte sich gleichsam über Nacht erledigt. Einige der eingeladenen heimischen Autoren, die im Jahr zuvor noch auf dem IV. Schriftstellerkongress gesprochen und ihre Kritik vehement artikuliert hatten, tauchten gleich unter und blieben unerreichbar.

Besuche bei Oppositionellen mussten nun mit großer Vorsicht organisiert werden; Interviews meines Vaters konnten, wenn überhaupt, nur mit ‚illegalen' Sendern stattfinden. Als ich 2017 nach Prag reiste, um nach möglichen Aufzeichnungen zu suchen, blieb ich erfolglos. Die damals in Prag gleichsam im Untergrund entstandenen Interviews existieren ganz offenbar nicht mehr.

Prag, August 1968

Ich erinnere mich an Begegnungen mit entsetzten Kollegen, an Treffen im Hotel und solche in Wohnungen, erinnere mich auch an die Angst um uns herum – und die Aufforderung an uns, sofort abzureisen, was meine Eltern natürlich ablehnten. Und ich erinnere mich daran, wie das Hotel immer leerer wurde, bis fast keine Ausländer mehr da waren. Erst am 25. August fuhren auch wir ab."[44]
Immerhin, nach dieser fundamentalen Enttäuschung wegen der Niederschlagung des Prager Frühlings sehen die Bölls mit Beginn der Regierungszeit von Willy Brandt in der neuen Ostpolitik eine Chance für eine erneute Annäherung, nun gewissermaßen aus der anderen Richtung, dem Westen, und eine stärker auf moralischen Grundlagen aufbauende Politik. Aber parteilich wollen sich beide nicht binden. Die Bölls stehen Brandt nahe, aber sie werden, anders als Grass, nicht Mitglied der SPD. Heinrich Böll bezieht zwar zu konkreten politischen Fragen Stellung, möchte sich aber von niemandem vereinnahmen lassen. Repräsentant will er nicht sein, auch wenn ihm ständig die Rolle des „Gewissens der Nation" nahegelegt wird. Als sein eigentliches Wirkungsfeld betrachtet er nach wie vor

die Literatur, was auch bedeutet: das Einzelschicksal, das Individuelle, das Persönliche. Er ist eben kein Ideologe, nicht verhaftet in einem großformatigen, gesinnungspolitischen Lagerdenken.

Die innenpolitische Situation in der Bundesrepublik wird indes durch den aufkommenden Terrorismus immer angespannter. Annemarie Böll muss aushalten, dass ihr Mann durch einige Politiker und ihnen nahestehende Presseorgane mit nicht nachlassender Schärfe zu einem der „Ziehväter des Terrorismus" erklärt wird. Diese Unterstellungen werden noch schwere Folgen für die Familie haben.

Im Jahr 1970 wird Heinrich Böll erst einmal zum Präsidenten des PEN-Zentrums der Bundesrepublik gewählt und gleich im nächsten Jahr zum Präsidenten des internationalen PEN. Diese Position wird er für sein Engagement zugunsten verfolgter Schriftstellerinnen und Schriftsteller effektiv nutzen. Sein Einsatz ist zwar wichtig und verdienstvoll, aber diese Aufgaben nehmen auch viel Zeit in Anspruch.

Den Literaturnobelpreis erhält im Jahr 1970 der russische Schriftsteller und Dissident Alexander Solschenizyn, für den sich Heinrich Böll als PEN-Präsident sehr eingesetzt hat. Solschenizyn darf aber nicht nach Schweden ausreisen und den Preis in Empfang nehmen.

Immer öfter hilft Annemarie ihrem Mann bei der Sichtung, Sortierung und Beantwortung der unglaublich angeschwollenen Korrespondenz. Das ist keine leichte Aufgabe, denn es gibt keineswegs nur Lob, Bitten und Dank, sondern häufig auch wüste Beleidigungen, Drohungen, Verleumdungen. Heinrich Böll beantwortet durchschnittlich drei bis vier Briefe am Tag, handschriftlich, mit Füllfederhalter, in seiner kleinen, nicht immer gut lesbaren Schrift. Was Annemarie mit Abstand am Liebsten macht, ist das Beantworten von Schülerbriefen: Man solle in der Schule einen Aufsatz schreiben über ein Werk von Heinrich Böll und habe da eine Frage...

Immer aufwändiger wird auch das Eingehen auf Möchtegernautorinnen und -autoren, die den Bölls Manuskripte schicken. Heinrich Böll gehört nicht zu den notorischen Neinsagern wie Max Frisch, die alles ablehnen bzw. gar nicht erst beantworten. Aber geht man erstmal freundlich auf ein unverlangt geschicktes Manuskript ein, kommt sofort der nächste Brief mit Bitte um Vermittlung an einen Verlag. Neben eingesandten Manuskripten mit Bitte um Beurteilungen erreichen die Bölls auch jede Menge Briefe mit Fragen wie, ob es denn Zufall sei, dass der Name einer Figur aus einem Roman von Heinrich Böll dem eigenen entspräche usw. Die Bölls beantworten trotz großer Zeitnot konstant viele Anfragen dieser Art.

Nach fünfzehn Jahren im ländlichen Kölner Außenbezirk Müngersdorf ziehen die Bölls, anders als viele Leute in ihrem Alter, nicht noch weiter „ins Grüne" hinaus, sondern zurück ins Zentrum, bewusst in die Nähe des Rheins. Heinrich Böll hat hierzu notiert: „Fast fünfzehn Jahre lang wohnten wir zu weit von ihm entfernt, war der Rhein nur Ausflugsziel. In seiner permanenten, wer weiß wie alten Vergänglichkeit sagt er nichts, indem er für sich selbst spricht; er ist beruhigender als das Rasenmäherkonzert."[45]

Die ruhestörenden Geräusche der Randbezirke sowie die vielen misslichen Verpflichtungen gegenüber einem Haus mit Garten sind für die Bölls Anlass genug, um aus der ländlichen „Idylle" zurück in die Großstadtschluchten zu ziehen.

Die neue Wohnung liegt in der Hülchrather Straße im Agnesviertel; eine geräumige Altbauwohnung mit sieben Zimmern. Neben den Privaträumen – die drei Söhne wohnen noch zuhause – ist hier auch die umfangreiche Bibliothek (sie kann heute in der Kölner Zentralbibliothek besichtigt werden) untergebracht. Die Hülchrather Straße 7 wird in den siebziger Jahren eine sehr bekannte Kölner Adresse. In dieser Wohnung empfangen die Bölls viele prominente Gäste, unter anderen Joseph Beuys, Wolf Biermann und Romy Schneider. Manche Freunde und Bekannte wohnen sogar eine Zeitlang dort. Die Fassade des Hauses erlangt durch Filmportraits und Interviews mit Heinrich Böll eine gewisse Berühmtheit.

Im folgenden Jahr, 1971, erscheint der Roman „Gruppenbild mit Dame". In ihm findet sich eine Reihe von Passagen, in denen die Topographien rund um die Hülchrather Straße detailliert beschrieben werden. So wohnt Leni Pfeiffer in einer „Sieben-Zimmer-Wohnung" in der „Bitzerathstraße" in unmittelbarer Nähe eines alten Festungsgrabens in der „Neustadt". Die Darstellung entspricht weitgehend den Wohnverhältnissen Bölls zu der Zeit.

Vom Verlagslektor Dieter Wellershoff ist verbürgt, dass der Titel „Gruppenbild mit Dame“ auf Annemarie Böll zurückgeht. Oft kann man nicht eruieren, worin genau Annemaries Einfluss auf ein bestimmtes Werk ihres Mannes besteht, was ihr „unfehlbares Urteil“ (Heinrich Böll) verhindert oder ermöglicht hat. Aber bei „Gruppenbild mit Dame“ ist ihr Einfall belegt. Es ist ein sehr gut gewählter, einprägsamer Titel; er macht neugierig, ohne zu viel zu verraten.[46]

„Gruppenbild mit Dame“ ist nicht nur Bölls umfangreichster, sondern nach Meinung vieler Kritikerinnen und Kritiker auch sein bedeutendster Roman. Nach Bölls eigenen Worten bedeutet der Roman für ihn eine „Zusammenfassung und Weiterentwicklung“ seiner früheren Arbeiten. Er ergreift in diesem Werk Partei für die „Abfälligen“ (Heinrich Böll) der Gesellschaft, für Außenseiter und Leistungsverweigerer. Die Handlung dreht sich um eine junge Frau, Leni Pfeiffer, in der Zeit des Nationalsozialismus, in der sie zunächst als Profiteurin dasteht. Später verliebt sie sich in einen russischen Kriegsgefangenen, was ihr die Verunglimpfung „blonde Sowjet-Hure“ einträgt. Der Roman ist stilistisch hochkomplex, collageartig und neuartig: Er verwendet dokumentarisches Material, zum Beispiel von den Nürnberger Kriegsverbrecherprozessen, die Figur einer Nonne ist überdies sehr deutlich an Edith Stein angelehnt. Beides, Fiktion und Realität, hat Heinrich Böll fein miteinander verwoben. „Gruppenbild mit Dame“ wird zum Bestseller und trägt maßgeblich zur Verleihung des Nobelpreises für Literatur an Böll im Dezember 1972 bei.

Im Jahr 1971 legt sich Heinrich Böll nochmal mit der Katholischen Kirche an. Für den WDR produziert er den Film „Die Sprache der kirchlichen Würdenträger“, „ein Aufklärungsstück, so entlarvend, erhellend und polemisch, wie es Böll bei so einem ernsten Gegenstand wie Sprache und Glaube vermutlich nicht anders vermochte“. Böll kommt darin zu folgendem Resümee: „Vielleicht ist es die Fertigkeit, die Glätte, die die Sprache der kirchlichen Würdenträger so nichtssagend macht. Sie sind nicht bewegt und nicht bewegbar. (...) Ihre Sprache (...) ist die Sprache von Kontaktlosen oder zumindest Kontaktgestörten.“ Der Widerspruch der „kirchlichen Würdenträger“ konnte nicht ausbleiben.[47]

Am 10. Januar 1972 erscheint Heinrich Bölls Essay „Will Ulrike Gnade oder freies Geleit“ im Spiegel. Heinrich Böll kritisiert darin unter anderem die Vorverurteilung von mutmaßlichen Tätern zu einem Zeitpunkt, an dem noch kein Gericht die Schuld hat klären können. Spätestens von da an wird in der Bundesrepublik das Narrativ gebildet, Böll engagiere sich für Links-Terroristen. Dabei hat er sich lediglich aus einem christlich-humanistischen Verständnis heraus für einen menschenwürdigen Umgang mit Straftätern eingesetzt: In seinem „skandalträchtigen“ Artikel beschäftigt er sich u. a. mit dem Werdegang von Ulrike Meinhof. Ulrike Meinhof hat sich zunächst in der evangelischen Reformbewegung engagiert, das interessierte Böll. Gudrun Ensslin, ihre Mitstreiterin, wiederum war Tochter einer evangelischen Pfarrersfamilie. Wie konnten diese Frauen mit ihrem jeweiligen sittlichen, bildungsbürgerlichen Hintergrund zu Top-Terroristinnen des deutschen Linksextremismus werden? Der ursprüngliche Titel „Soviel Liebe auf einmal“ ist dann vom Spiegel gegen Bölls Willen in „Will Ulrike Gnade oder freies Geleit?“ geändert worden. Das Prekäre: Die Nennung des Vornamens „Ulrike“ suggeriert eine Vertrautheit des Autors mit Meinhof, die weder Bölls Absicht noch dem Inhalt des Textes entspricht. Doch nun rufen ihn vor allem konservative Kreise als „geistigen Sympathisanten“ des Terrorismus aus. Böll leidet nicht unerheblich darunter. Da die Behörden im Zuge einer Großfahndung nach entsprechenden Andeutungen der Springer-Presse vermuten, dass gesuchte RAF-Mitglieder bei Heinrich Böll Unterschlupf gefunden haben könnten, wird bei den Bölls am 1. Juni 1972 in Langenbroich eine polizeiliche Hausdurchsuchung vorgenommen – ein traumatisches Ereignis für die Familie.

Die genauen Umstände dieser Aktion, insbesondere die Zahl der eingesetzten Beamten, sind umstritten. Während Heinrich Böll selbst von bis zu 20 Polizisten ausging, behauptet der damalige Einsatzleiter Helmut Conrads, nur er selbst und ein Kollege vom Landeskriminalamt hätten Böll einen Besuch abgestattet. Der Philosoph Robert Spaemann, der sich an diesem Tag im Haus von Böll aufhält, bestätigt jedoch, mehrere schwer bewaffnete Polizisten gesehen zu haben.

Statt mit Terroristen treffen sich die Bölls erneut mit Willy Brandt. 1972 unterzeichnen die Bölls zusammen das Flugblatt

„Wir wählen Willy Brandt und unterstützen seinen Wahlkampf"; sie unterstützen vor allem seine Entspannungspolitik. Zu Willy Brandt pflegen die Bölls eine besondere Beziehung. Dies wird u. a. in dem Briefwechsel deutlich, der im Jahr 2017 unter dem Titel „Mut und Melancholie. Heinrich Böll, Willy Brandt und die SPD" erscheint.[48]

Im Jahr 1972 unternehmen Annemarie und Heinrich Böll wieder eine Reise in die Sowjetunion. Auf dieser Reise lernen sie Alexander Solschenizyn, der ihnen bis dato nur durch die Empfehlung von Lew Kopelew und übersetzte Bücher ein Begriff war, persönlich kennen. In ihrem Band „Wir lebten in Moskau"[49] erinnern sich Raissa Orlowa-Kopelewa und Lew Kopelew an die Begegnung zwischen Heinrich Böll und Alexander Solschenizyn. Lew Kopelew, fließend im Deutschen, dolmetschte, und weil Solschenizyn glaubte, er würde abgehört, schrieben sie relevante Themen auf Zetteln, während sie sich über Lieblingsfächer in der Schule unterhielten: „Zweites Treffen (auf neutralem Boden): Alles sehr konspirativ, Solschenizyn übergab Böll sein Vermächtnis und noch einige Texte. [...] Böll und Solschenizyn haben einander gefallen. Bei Heinrich sind wie immer seine Gefühle aus den Augen sichtbar. Doch auch Alexander aufgetaut, fast zärtlich zu Heinrich, spricht aber fast nur über Probleme."

Im Jahr 1972 fallen Angriffe auf Heinrich Böll und seine Familie auf der einen Seite und Anerkennung für sein Werk auf der anderen Seite besonders weit auseinander: Heinrich Böll wird in Stockholm der Nobelpreis für Literatur verliehen. Als Böll den Literaturnobelpreis bekommt, ist er der erste deutsche Autor nach dem Krieg, dem diese Auszeichnung zuteil kommt.

Es stimmt: „Wenn er heute noch leben würde, könnte der Schriftsteller Heinrich Böll, Literaturnobelpreisträger von 1972, ein Lied davon singen, wie man neben der Ehre viel Feindschaft auf sich zieht. Sie hat sich über seinen Tod hinaus erhalten, wenn auch abgekühlt".[50]

Was Annemarie Böll über die Nobelpreisverleihung gedacht hat, ob sie sich oft an den Küchentisch, an dem die ersten Werke ihres Mannes geschrieben und von ihr lektoriert wurden, erinnert hat, ist nicht überliefert. Sie wird sich gefreut, bestätigt gefühlt

Walentin Polyakow, Heinrich und Annemarie Böll, Wilhelmine Slawutzkaja, genannt Mischka, Boris Birger; Aufnahme im Atelier Birgers in Moskau, Februar 1972

und wohl auch gewusst haben, dass es diese höchste Auszeichnung auf dem Gebiet der Literatur an ihren Mann ohne sie nicht gegeben hätte. Sie, die dem jungen Soldaten riet, seine belastenden Erlebnisse aufzuschreiben. Sie, die ihrem Mann in der schwersten Nachkriegsnot riet, sich ganz auf das literarische Schreiben zu konzentrieren. Sie, die dann in den schwierigen Jahren ohne nennenswerte Resonanz auf Heinrich Bölls Publikationen allein für das Familieneinkommen sorgte. Sie, die mehr oder weniger jeden Text gelesen und lektoriert und nicht zuletzt für den Roman, der bei der Nobelpreisverleihung besonders gewürdigt wurde, den Titel erdacht hat.

Heinrich Böll, über den sein Sohn René Böll sagt, er sei „größenblind" gewesen, hält sich jedoch nicht lange mit dem Nobelpreis und seinem unglaublichen Erfolg, von dem fast alle Schreibenden nur träumen können, auf: Angesichts der zunehmenden Verfolgung von Schriftstellerinnen und Schriftsteller in aller Welt fordert Böll in seiner Funktion als PEN-Präsident die Politiker in

Ost und West auf, „endlich das heuchlerische Konzept der Nichteinmischung in die inneren Angelegenheiten anderer Staaten aufzugeben". Als Beispiele für Länder, in denen Intellektuelle verfolgt werden, nennt er u.a. die Sowjetunion, die Türkei, Spanien, Brasilien und Portugal.

Das Jahr 1973 ist ein wichtiges Jahr für Annemarie Böll: Judith Kerrs „Als Hitler das rosa Kaninchen stahl" erscheint bei Maier (Ravensburger) auf Deutsch und wird einer der größten Buch-Erfolge der Nachkriegsliteratur in Deutschland. Die Geschichte über die Flucht einer jüdischen Familie aus Deutschland berührt Millionen von Menschen. Jetzt, in den siebziger Jahren, ist die deutsche Gesellschaft offener für Themen, die die eigene Schuld und Täterschaft betreffen als noch in den fünfziger und sechziger Jahren. Viele junge Menschen, gerade aus dem linken Spektrum, Studierende, fragen in ihren Familien nach, konfrontieren ihre Eltern mit deren Vergangenheit, kritisieren nach dem Krieg nahtlos fortgesetzte NS-Karrieren, interessieren sich für das Schicksal ihrer ehemaligen jüdischen Mitbürgerinnen und -bürger. Der Erfolg (bis 2013 1,3 Million verkaufte Exemplare) ist nicht nur ein merkantiler: Das Buch wird auch mit dem Deutschen Jugendliteraturpreis ausgezeichnet. In der Jurybegründung für die Verleihung des Deutschen Jugendliteraturpreises 1974 heißt es: „Judith Kerrs Erinnerungen bedeuten weder geschichtlichen Nachhilfeunterricht noch eine späte Anklage, sondern berichten klug und warmherzig von einem Geschehen, das sich wiederholen kann. Kinder, für die die Zeit des Nationalsozialismus ferne Vergangenheit ist, können diesem Buch die Konsequenzen einer totalitären Regierungsform für das Leben jedes einzelnen entnehmen". Doch auch hier gilt, dass die quasi mitausgezeichnete Übersetzerin, Annemarie Böll, nur am Rande der Aufmerksamkeit steht und bei Rezensionen oft nicht einmal genannt wird.

Der Literaturkritiker Wieland Freund wird später, in seinem lesenswerten Nachruf „Die Frau, für die die Literatur nur Nebensätze übrig hatte" anmerken, dass Annemarie Böll „wie jedem Übersetzer" in der öffentlichen Wahrnehmung stets „nur die Nebensätze" vorbehalten sind.[51] Und er schickt die rhetorische Frage hinterher: „Wer macht sich heute schon bewusst, dass er Annemarie Bölls

Deutsch hört, wenn er Judith Kerrs ‚Als Hitler das rosa Kaninchen stahl' liest?"

Der Roman wird sechs Jahre später vom WDR für die ARD (Regie: Ilse Hofmann) zum Teil an Originalschauplätzen verfilmt. Jahrzehnte später (2019) kommt auch noch eine Neuproduktion (Regie: Caroline Link, Oscarpreisträgerin von 2003 für „Nirgendwo in Afrika") erfolgreich in die Kinos.

Das Jahr 1974 ist ein weiteres besonderes für die Bölls: Am 13. Februar 1974 wird der russische Literaturnobelpreisträger Alexander Solschenizyn, Autor des Buchs „Der Archipel Gulag", in Moskau verhaftet, ausgebürgert und nach Westdeutschland abgeschoben. Der Spiegel hat schon am 6. Januar 1974 unter dem Titel „Bereit, den Tod auf mich zu nehmen" über die Hintergründe berichtet: „‚Der Archipel Gulag' ist die bisher schärfste Abrechnung eines sowjetischen Autors mit dem System von Terror und Verbannung in Russland, das er nicht erst Stalin, sondern bereits Lenin anlastet." Der Artikel nennt auch die besonderen Umstände der Publikation: „Demnach hatte ein halbes Jahr vor der Veröffentlichung Solschenizyns Vertraute Jelisaweta Woronjanskaja, die das Manuskript heimlich auf ihrer Schreibmaschine für den Schriftsteller abgetippt hatte, nach einem mehrtägigen KGB-Verhör verraten, wo das Manuskript von Solschenizyns unveröffentlichtem Hauptwerk versteckt war. Als sie entlassen wurde, beging sie Selbstmord. Solschenizyn beschloss daraufhin, dass das außer Landes geschmuggelte zweite Exemplar des Manuskripts schnell veröffentlicht werden sollte (...) Solschenizyn schildert in diesem ‚Versuch einer künstlerischen Bewältigung' der Stalin-Zeit das kaum vorstellbare Ausmaß an Verhaftungen, Deportationen und die Ausrottung von Millionen Sowjetbürgern."

Die Bundesregierung erklärt sich bereit, den Nobelpreisträger aufzunehmen. Die Nachrichtenagenturen berichten über Solschenizyns Ausbürgerung, und schon kurze Zeit später stehen die ersten Kamerateams bei den Bölls in der Eifel. Als Solschenizyn am 13. Februar 1974 gegen Abend in Langenbroich eintrifft, sind es bereits über 200 Journalisten, Fotografen und Kameramänner, die auf Heinrich Böll und seinen Gast warten. Es entstehen die ikonographischen Bilder der beiden Literaturnobelpreisträger vor dem alten Bauernhaus und beim Spaziergang im Garten, auf dem Pferde weiden.

Heinrich Vormweg beschreibt eindrücklich in seiner Böll-Biographie „Der andere Deutsche. Heinrich Böll“ das Aufeinandertreffen Solschenizyns und Bölls: „Direkt verständigen konnten sich der Russe und der Westdeutsche nicht, sie sprachen beide nicht des Anderen Sprache, und das gewiss auch im übertragenen Sinn. Solschenizyn kannte offenbar nur wenige Worte Deutsch, und Böll konnte nicht Russisch. Nur zweimal waren sie sich zuvor in Moskau begegnet, dennoch war Böll, wie er vermutete, der wohl einzige in der Bundesrepublik lebende Schriftsteller, den Solschenizyn persönlich kannte.“[52]

Nach seiner Ausbürgerung kann Solschenizyn im gleichen Jahr doch noch nach Schweden fahren und den Literaturnobelpreis in Empfang nehmen, vier Jahre nachdem er eigentlich mit dem Preis ausgezeichnet werden sollte. In Stockholm sagt er: „Der Preis hat mir geholfen, angesichts der grausamen Verfolgung nicht zerstört zu werden. Der Preis verschaffte meiner Stimme Gehör dort, wo meine Vorgänger Jahrzehnte lang nicht gehört und nicht verstanden wurden. Er half mir zu verwirklichen, was ich ohne ihn nicht geschafft hätte“.[53]

Dass Solschenizyns erste Adresse im Westen Heinrich Böll ist, liegt nicht nur daran, dass er zu diesem Zeitpunkt Präsident des Internationalen PEN ist und offiziell gegen Solschenizyns Verhaftung protestierte, sondern weil er ihm trotz unterschiedlicher politischer Ansichten vertraut. Der Böll-Biograph Heinrich Vormweg beschreibt die Unterschiede zwischen den beiden Nobelpreisträgern: „Der russische Dichter-Prophet mit geistesfeudalen Ambitionen, dem die Demokratie als etwas Fremdes ohne Zukunft erschien, und der um die Aufklärung des Volkes besorgte demokratische deutsche Schriftsteller hatten keinen gemeinsamen Nenner.“[54]

Im Jahr 1974 wird die Familie Böll wieder in den Verdacht der Terrorismusnähe gestellt und drangsaliert: Nachdem in einem Hamburger RAF-Terroristenversteck 150 gestohlene Pässe gefunden werden, darunter auch der verloren gegangene Wehrpass von Raimund Böll, werden Raimund und seine Frau vorübergehend festgenommen. Es findet eine Hausdurchsuchung bei ihnen statt; ein furchtbares Erlebnis. Die 149 anderen Besitzer der gefundenen Pässe werden nicht von der Polizei heimgesucht und „überprüft“.

Im gleichen Jahr erscheint eines der erfolgreichsten Bücher Heinrich Bölls, nämlich die Erzählung „Die verlorene Ehre der Katharina Blum oder: Wie Gewalt entstehen und wohin sie führen kann“, eine zeitlose Kritik am Sensationsjournalismus. In der Erzählung, dem auch die eigenen schlimmen Erfahrungen des medialen Ausgeliefertseins, der Hetzjagd gegen die Bölls zugrunde liegt, zeichnet Böll die Verfolgung einer fiktiven jungen Frau durch die Medien nach. Die Gnadenlosigkeit der voyeuristischen Presse lässt die Protagonistin schließlich eine Verzweiflungstat begehen. „Die ZEITUNG“, wie Böll sein fiktives, wenngleich an die BILD erinnerndes Boulevardblatt nennt, wäre heute wohl ein digitales Medium, vielleicht Facebook oder X.

„Die verlorene Ehre der Katharina Blum oder: Wie Gewalt entstehen und wohin sie führen kann“ verkauft sich allein in Deutschland über drei Millionen Mal und wird in mehr als 30 Sprachen übersetzt. Von Volker Schlöndorff und Margarethe von Trotta wird die Erzählung verfilmt (1975). (Insgesamt sind bis dato dreizehn Werke von Böll auf die Leinwand gebracht.) Konservative Politiker, darunter der spätere Bundespräsident Carl Carstens, lehnen das Buch allerdings vehement ab und rücken es in die Nähe zum Linksterrorismus, ungeachtet der Tatsache, dass solch eine Positionierung in markantem Widerspruch zu seiner Kernaussage steht.

Für die Bölls liegen auch in diesem Jahr Anfeindungen und Ehrungen sehr nahe beieinander: Heinrich Böll erhält zum Beispiel die begehrte Carl-von-Ossietzky-Medaille der Liga für Menschenrechte. Wenn man aber die Leben von Annemarie und Heinrich Böll in den Siebzigern Revue passieren lässt, kann einem der Eindruck kommen, dass sie sich auch sehr viel zumuten, vielleicht zu viel. Sie engagieren sich von Nicaragua und Ecuador über Jugoslawien und die Sowjetunion bis hin nach Südkorea. „Im Namen der Menschlichkeit“ bitten die Bölls gemeinsam mit anderen Intellektuellen und mithilfe von Amnesty International den südkoreanischen Präsidenten um die Freilassung des seit Jahren in einer

Heinrich und Annemarie Böll in den siebziger Jahren

Einzelzelle festgehaltenen Autors Kim Chi Ha – mit Erfolg: Ha wird 1980 freigelassen, schreibt noch viele Bücher und lebt bis zu seinem Tod 2022 in Freiheit.

Die Bölls nehmen andere Menschen in ihrem Zuhause auf und müssen fortgesetzt mit Hass und Häme zurechtkommen. Alles, was sie tun, wird beobachtet und öffentlich diskutiert.

Im Jahr 1974 legt Heinrich Böll zumindest sein sehr forderndes Amt als Präsident des Internationalen PEN nieder. Helmut Schmidt schreibt ihm hierauf bedauernd: „Durch Ihre Tätigkeit haben Sie die Funktion des Schriftstellers in der Gesellschaft neu belebt, intellektuelle und moralische Maßstäbe zu setzen, denen sich Politiker nicht entziehen können. Dafür danke ich Ihnen im Namen der Bundesregierung.“[55]

Annemarie und Heinrich Böll unterhalten weiterhin zahlreiche Kontakte ins Ausland und reisen viel. Allein 1975 und 1976 unternimmt das Paar laut Heinrich Bölls Arbeitsbuch mehrere Reisen (Reisen innerhalb Deutschlands nicht eingeschlossen): nach Dänemark, Griechenland, in die Niederlande, nach Frankreich, Portugal und in die Schweiz. Die Logistik hat oftmals Annemarie im Blick. Nach Irland fahren Annemarie und Heinrich allerdings immer seltener, die dienstlichen Termine und Verpflichtungen lassen dies nach der Nobelpreisverleihung zuvor nicht mehr zu.

Im Jahr 1976 treten Annemarie und Heinrich Böll schließlich sehr öffentlichkeitswirksam aus der Kirche aus, ohne deswegen jedoch, wie die beiden in einer gemeinsamen Erklärung klarstellen, vom Glauben abgefallen zu sein. Sie hätten sich vielmehr von der Kirche als Institution abgewandt, die allzu leicht mit der Adenauer-Republik und der konsumistischen Industriegesellschaft ihren Frieden gemacht habe. Die Einziehung der Kirchensteuer empfinden sie als eine Form von „Zuhälterei“.

Im Herbst 1977 wird der Arbeitgeberpräsident und Vorsitzende des Bundesverbandes der Deutschen Industrie, Hanns Martin Schleyer, von der RAF entführt und ermordet. Daraufhin erreicht die Hetzkampagne gegen Heinrich Böll, zu diesem Zeitpunkt schon 60 Jahre alt und schwer chronisch krank, einen neuen Höhepunkt. Zuvor hatte er jedoch einen an die Entführer gerichteten Appell mitunterzeichnet, in dem diese darum gebeten wurden, das „mörderische Tauschgeschäft von Menschenleben gegen Menschenleben“ aufzugeben.

Die Münchener Illustrierte „Quick“, politisch konservativ ausgerichtet und im Kontrast zum progressiven „Stern“ positioniert, stempelt Böll in einer doppelseitigen Bildmontage zum geistigen Wegbereiter und Komplizen der Schleyer-Attentäter. Die BILD-Zeitung verfolgt den im Ausland Hochgeehrten in ungezählten Kommentaren als „Leithammel“ der Sympathisanten und „Verniedlicher“ terroristischer Gewalt. Wenig überraschend fällt auch die restliche Springer-Presse wieder über den Schriftsteller her. Zu ihrem Wortführer macht sich der Publizist Hans Habe, der Heinrich Böll als „Meinhof-Verherrlicher“ bezeichnet und ihn ernsthaft auffordert, „in Sack und Asche“ zu verschwinden. Er belässt es nicht bei einem Artikel. In der „Welt am Sonntag“ verkündet er obendrein in sechs Thesen unter dem Titel „Requiem auf Heinrich Böll“ den Tod des Autors und versucht ihm jede Legitimität zu entziehen. Und Matthias Walden, Chefkommentator des SFB und Springer-Kolumnist, fragt, aus welcher Richtung Tod und Verderben kommen? Seine Antwort: aus der linken Ecke und von Heinrich Böll.[56]

Wenn man heute meint, Hate Speech sei ein ganz neues Phänomen, dann sollte man sich einmal die Hasstiraden der siebziger Jahre aus dem konservativen Lager gegen gesellschaftspolitische Gegner wie Böll zu Gemüte führen. Selbst Sozialdemokraten beteiligen sich jetzt an der Anti-Böll-Kampagne. Jens Feddersen, Chefredakteur der Essener „Neuen Ruhr Zeitung“, bezeichnet Heinrich Böll ernsthaft als einen „geistigen Wegbereiter des Terrorismus“. Ein schwerer Vorwurf. Der der SPD und dem DGB nahestehende Soziologe Helmut Schelsky behauptet, zumindest in weniger drastischen Worten, Böll habe ein emotionelles, parteiliches und unklares Verhältnis zur Gewalt.

Der „Stern“ tritt jedoch für den Schriftsteller ein und setzt auf die Ausgabe vom 5. Oktober 1977 rechts unten auf das Cover ein Banner: „Heinrich Böll. Ein Mann wird gejagt“. Im Artikel heißt es weiter: „Der Mann am Pranger. Der Schriftsteller Heinrich Böll, im Ausland als ‚Der gute Deutsche‘ geachtet, ist seit Wochen im eigenen Land die Zielscheibe einer Verleumdungskampagne. Seit dem Kölner Attentat und der Entführung von Hanns Martin

Schleyer wird der Nobelpreisträger als geistiger Wegbereiter und Sympathisant des Terrorismus verteufelt. Der Volkszorn, von Politikern und Publizisten geschürt, findet in ihm sein Opfer. Dabei hat sich Heinrich Böll immer von Terror und politischen Mord distanziert – gerade im Fall Schleyer (...).“[57]

Doch was Heinrich Böll sehr bedrückt: Die Anfeindungen richten sich nicht nur gegen ihn, sondern auch gegen seine Familie. Ein absoluter Tiefpunkt: Nach einem anonymen Anruf bricht die Polizei im Herbst 1977 die Wohnung von René Böll und seiner Familie auf und durchsucht die Zimmer. Die Bölls erinnern sich aber auch an „kleine“ Feindseligkeiten im öffentlichen Raum: „Was will der Kommunist hier? Warum bekommt der noch Kaffee?“ haben drei junge Frauen den Wirt eines Cafés im Eifel-Ort Bilstein gefragt, nachdem sie unter den Gästen Heinrich Böll ausgemacht haben. Auch René Böll erinnert sich, wie man sich in Düren weigert, die Familie in Geschäften und Cafés zu bedienen. Von Annemarie Böll ist hierzu nichts überliefert. Man kann nur ahnen, wie sie unter den ständigen medialen Angriffen und seelischen Verletzungen gelitten hat.

# Kapitel IV

Im Jahr 1979 erscheint Heinrich Bölls Roman „Fürsorgliche Belagerung“. In diesem Roman setzt sich der Schriftsteller mit einem ausufernden Netz an Sicherheitsvorkehrungen und Überwachungsmaßnahmen auseinander. Die um sich greifende Hysterie angesichts des Terrors der linksextremistischen Rote Armee Fraktion (RAF) und natürlich die eigenen schlimmen Erfahrungen geben Anlass für diesen Stoff: ein beklemmendes, hochaktuelles Buch, das die versuchte Zerstörung einer Familie durch „staatliche Sicherheits- und Überwachungsmaßnahmen“ beschreibt. Immer wieder gelingt es Heinrich Böll, in der Luft liegende Themen aufzufangen und literarisch zu transformieren. Fast alle seine Sujets haben noch heute eine beinahe unheimliche Aktualität: Datenschutz, Überwachung, Gesichtserkennung, biometrische Fotos – nur manche Begriffe haben sich in den vergangenen Jahrzehnten verändert.

Doch Annemarie und Heinrich Böll blicken wieder weit über den Buchdeckel hinaus: 1979 gründen der Journalist Rupert Neudeck und seine Frau Christel die private Hilfsorganisation „Ein Schiff für Vietnam“, um sich für die vietnamesischen „boat people“ einzusetzen. Die Bölls schließen sich ihr an. Ziel dieser Initiative ist es, ein Schiff zu chartern, um in Seenot geratene Vietnamflüchtlinge zu retten. Aus der Aktion geht später die Hilfsorganisation „Cap Anamur / Deutsche Not-Ärzte“ hervor.

Noch ein Ereignis: Böll lehnt die Verleihung des Bundesverdienstkreuzes durch Bundespräsident Scheel ab. Das Bundesverdienstkreuz sollte auch an Günter Grass verliehen werden; doch auch dieser lehnt ab. Beide Schriftsteller wollen das als Kritik an den politischen Missständen in Deutschland verstehen und politischer Vereinnahmung entgehen, aber auch mit dem Verweis, dass das Bundesverdienstkreuz vielen Nationalsozialisten verliehen worden war. Siegrid Lenz hat die Annahme ebenfalls verweigert.

Lieber reist das Ehepaar Böll nach Ecuador, das Heimatland ihrer Schwiegertöchter Carmen Alicia, der Frau von René Böll, und Teresa Böll, der Frau des Sohnes Vincent („Vinc"), des Jüngsten. Es soll also eine Art Familientreffen stattfinden, aber Heinrich Böll leidet wieder an einer Gefäßerkrankung im rechten Bein und muss sich kurzfristig in Quito einer Operation unterziehen.

Zurück in Deutschland muss er gleich die nächste Operation über sich ergehen lassen. Das hindert ihn nicht daran, sich weiterhin mit Südamerika zu beschäftigen. Nach einem Gespräch mit einer bolivianischen Frauendelegation spricht er sich dafür aus,

Annemarie Böll mit Sohn Vincent („Vinc")
und den Enkelkindern Samay, Boris und
Sara, Langenbroich, 1980

Annemarie Böll auf der Friedensdemonstration in Bonn, 10. Oktober 1981

eine internationale Kommission zur Untersuchung der Lage in Bolivien nach dem Militärputsch einzusetzen.

Und: Annemarie und Heinrich Böll nehmen nun ihre Freunde Lew Kopelew und Raissa Orlowa-Kopelewa aus der Sowjetunion als Gäste in ihrer Wohnung in Köln auf. Denn den beiden war während einer Deutschlandreise die sowjetische Staatsbürgerschaft entzogen worden.

Annemarie kümmert sich in starkem Maße um die beiden, parallel dazu übersetzt sie sehr viel. In den Jahren von 1980 bis 1983 erscheinen neun von ihr übersetzte Bücher, darunter ein Wälzer von Charles Dickens („Ich – der Komödiant. Die Memoiren des Joseph Grimaldi") und Elgy Gillespies „Irland", ein Foto-Text-Band über das Lieblingsland der Bölls. Und natürlich berät und lektoriert Annemarie weiterhin noch ihren Mann. Gleichzeitig erfreuen sie sich einer wachsenden Schar von Enkeln.

Im Jahr 1981 erscheint Heinrich Bölls erster längerer autobiographischer Text: „Was soll aus dem Jungen bloß werden? Oder: Irgendwas mit Büchern".[58] Er beschäftigt sich mit der Zeit des Nationalsozialismus aus Sicht von Heranwachsenden; Heinrich

Böll beschreibt hierin seine Schulzeit während des Nationalsozialismus. Auszüge erscheinen in der FAZ, so am 18. April 1981 unter dem ironischen Titel „Den Nazis verdanke ich mein Abitur“.

Auch wenn Heinrich Böll, durch Krankheit noch stark eingeschränkt ist, engagieren Annemarie und er sich jetzt verstärkt für die Friedensbewegung, denn die atomare Aufrüstung beunruhigt sie. Heinrich unterstützt den Appell der Schriftsteller Europas gegen die Neutronenbombe und die Nachrüstung. Sie nehmen wiederholt an Friedensmärschen teil. Am 10. Oktober redet Böll auf der großen Friedensdemonstration vor 300.000 Menschen in Bonn.

Ende des Jahres 1981 steht für die Bölls nochmal ein Umzug an. Die Sieben-Zimmer-Wohnung ist Annemarie und Heinrich zu groß geworden, nachdem die drei Söhne ausgezogen sind. Luxus ist ja noch nie ihr Ding gewesen. Die beiden ziehen nach Bornheim-Merten im Rhein-Sieg-Kreis, wieder mehr in die Nähe der Familie, eine knappe halbe Stunde vom Kölner Zentrum entfernt.

René Böll mit seiner Mutter
Annemarie Böll, 1990

Ein Teil des Hauses der Bölls in Langenbroich, nach dem Brandanschlag, 1981

Sie behalten jedoch auch weiterhin ihr Haus in Langenbroich, in der Eifel. Hier verbringen sie immer mehr Zeit. Aber auch hier rückt man ihnen auf die Pelle: 1981 ereignet sich wieder ein tätlicher Angriff auf Heinrich Böll, seine Familie, sein Zuhause. Ein Teil des Landhauses, die Scheune, fällt einer Brandstiftung zum Opfer. Ein junger, erst neunzehnjähriger Mann dringt gezielt in die Garage der Bölls ein (sie war nicht abgeschlossen) und legt Feuer. Der Brand richtet großen Schaden an, aber durch Zufall wird kein Mensch verletzt. Die BILD berichtet über das Geschehen. Doch so gern sie sonst zur Unterstellung, zum schnellen Urteil und zum Aufbauschen neigt, kann sie in diesem Fall keinerlei politisches Motiv erkennen. Heinrich Böll schreibt dem Spiegel-Redakteur und Gerichtsreporter Gerhard Mauz am 10. März 1982 einen langen Brief, in dem er klarstellt: „...uns liegt nichts, nicht das geringste daran, dass der junge bestraft, gar eingesperrt wird, wir möchten nur wissen, ob das alles wirklich zufall war, blosse dummheit oder ob doch möglicherweise etwas anderes dahintersteckt, der junge vielleicht vorgeschoben ist". Heinrich Böll schildert dem Redakteur auch Annemaries und seine mit dem Brandanschlag verbundenen Ängste mit Blick auf ihr zukünftiges Leben im Dorf, ihrer zweiten Heimat.

René Böll teilt der Autorin dieses Buchs später mit: „Ich persönlich glaube – dies kann ich aber nicht belegen –, dass es schon eine dumpfe Anti-Böll-Stimmung des jungen Mannes war." Der Täter wird verurteilt, aber insgesamt wurde die Angelegenheit mehr oder weniger – nicht zuletzt auf Anraten der Dorfbevölkerung – vertuscht und als Dummer-Jungen-Streich verharmlost. Der Familie Böll wird suggeriert, dass sie dem Ganzen nicht zu sehr nachgehen sollen, denn dann könnten sie nicht im Ort wohnen bleiben.

Doch Unbill erreicht die Bölls auf vielen Ebenen. Im Sommer 1982 ereignet sich für die Familie eine Tragödie: Der zweitgeborene Sohn, Raimund (19. Februar 1947 – 1. August 1982), stirbt im Alter von nur 35 Jahren an Lymphdrüsenkrebs.

Raimund Böll war ein begnadeter Bildender Künstler und Bildhauer. Er wurde bekannt vor allem auf dem Gebiet der Metallkunst, für seine Eisenskulpturen, für seine bewegbaren Riesenmaschinen, aber auch für seine filigran-verspielten Metallmobilés. Er hatte an den Kölner Werkschulen bei Anton Berger und Kurt Schwippert studiert, wurde Mitarbeiter der künstlerischen Sektion

Raimund („Rai") Böll

am Goetheanum (in der Schweiz, seinem Wohnsitz ab 1976). Mit Beuys war er befreundet. Von diesem Künstler hätte man noch viel erwarten können.

Für Annemarie und Heinrich Böll ist es das zweite Kind, das sie verlieren.

Im November 1982 verleiht der Rat der Stadt Köln doch noch Heinrich Böll, dem katholischen Rebellen – nach einigen Querelen um den Text der Beschlussfassung – die Ehrenbürgerwürde. Das Land Nordrhein-Westfalen verleiht ihm den Professorentitel.

Am 6. März 1983 findet eine vorgezogene Bundestagswahl statt. Annemarie und Heinrich Böll setzen sich nun für die Grünen ein, die bei dieser Wahl zum ersten Mal in den Bundestag einziehen werden. Hierzu sei erwähnt, dass die Grünen damals eine noch ganz neue Partei sind. Ihre Vertreter haben eine sehr nonkonformistische Ausstrahlung, tauchen nicht im Anzug und in Lederschuhen, sondern in abgewetzten Jeans und in Turnschuhen auf dem politischen Parkett auf.

Die Bölls sind schon betagt und engagieren sich trotzdem für die junge Partei, deren Vertreter ihre Kinder sein könnten. Petra Kelly ist Jahrgang 1947, wie Sohn Raimund, Joschka Fischer ist 1948 geboren, wie Sohn René. Sich damals für die Grünen stark zu machen, das ist etwas, bei dem weder Ruhm noch Respekt locken, eher: Kritik, Häme, Skepsis. Welcher Nobelpreisträger mit tausend Terminen am Hals tut das gegenwärtig?

Im nächsten Jahr winkt wieder eine große Auszeichnung: Heinrich Böll wird vom französischen Kultusminister Jack Lang zum Commandeur im „Ordre des Arts et des Lettres“ ernannt. Er erhält auch den dänischen Jens-Bjørneboe-Preis des Odin-Theaters. Sein Preisgeld übergibt er der Organisation „Deutsches Komitee Notärzte“.

Doch die vielen Ehrungen bilden weiterhin nur eine Seite der Medaille ab: Ein wichtiger Teil in Annemaries gemeinsamem Leben mit ihrem Mann ist, neben der gesundheitlichen Fürsorge, auch die oft sehr gehässig und boshaft geübte Kritik an seiner Person, an seiner politischen Gesinnung, seinem gesellschaftlichen Engagement und seinem Werk auszuhalten und den sensiblen Heinrich Böll darin zu unterstützen, sich nicht alle Kritik zu sehr zu Herzen

Heinrich und Annemarie Böll,
Verleihung der Ehrenbürgerwürde
durch die Stadt Köln, 1982

zu nehmen, die Lust am Schreiben nicht zu verlieren. Dabei muss immer klar sein: Die Kritik, die Häme, die Angriffe betreffen sie, die Mitdenkerin, Erstleserin und Ehefrau, selbst auch. Über Jahrzehnte ist sie immer wieder indirekt Ziel von gehässiger, oft sogar bösartiger Kritik.

Es gibt nicht nur von konservativer und klerikaler Seite Kritik am „politischen" Böll, sondern auch Kritik aus dem linken bis linksradikalen Lager. Denn bei all seinem gesellschaftspolitischen Engagement auf unterschiedlichen Feldern hält Heinrich Böll stets am „Primat der Literatur" über der Politik, wie er das nennt, fest. Radikale Thesen, wie sie von Teilen der kulturrevolutionären Generation der 68er propagiert werden – Literatur, die nicht explizit politisch ist, habe keine Existenzberechtigung –, lehnt er kategorisch ab. Sein gesellschaftspolitischer Ansatz ist immer der eines Schriftstellers geblieben, sein Blick ist auf das Individuum gerichtet. Ein Schriftsteller, nach Bölls Ansicht, schreibt nicht von oben Geschichte, verallgemeinert nicht und kommt niemals zu absoluten Ergebnissen, sondern macht große Historie anhand der kleinen Leute sichtbar, anhand einer Figur und deren Lebensumfeld. Doch genau dieses von Böll postulierte „Primat der Literatur" empfinden damals viele in linksintellektuellen Kreisen als zu romantisch und unzeitgemäß.

Dass Böll nie einem Lager zuzuordnen ist, macht ihn überdies noch angreifbarer. Er ist kein Gruppenmensch, außer beim PEN und bei der Bürgerinitiative für die Germania Judaica nirgendwo Vereinsmitglied – er ist ein unabhängiger Denker ohne Parteizugehörigkeit und mit Distanz zu allen ideologisierten Gruppen, die es in den siebziger Jahren zuhauf gibt.

Kritik an Böll gibt es aber auch von Literaturwissenschaftlern und Kollegen (es sind ausschließlich Männer), ja, man kann regelrecht von einer „intellektuellen Reserve in Kunst, Kultur und Feuilleton gegenüber seiner Person" sprechen.[59] So hat ihm beispielsweise der Schriftstellerkollege Hermann Kesten den Vorwurf gemacht, er könne „nicht schreiben, nur erzählen". Man kritisiert Böll dafür, „Normaleleuteschreiberei" (so der jüngere Kollege Ernst Herhaus) zu Papier zu bringen, weil er realistisch über Heizer, Putzfrauen, Kriegsheimkehrer, Hausfrauen, Angestellte schrieb. Böll hat sich einfach immer als volksnahen und antielitären Autor gesehen – er ist kein „Poeta doctus" und will gar nicht wie Stefan George schreiben oder auftreten, aristokratisch-gewählt, aus der Ferne und von oben herab.

Des Weiteren wird bemängelt, dass sein Stil zu wenig experimentell, nicht innovativ sei. Es ist offenbar ein unausrottbares Vorurteil in der deutschsprachigen Literaturkritik, dass etwas, das sich gut liest, qualitativ keinen Wert haben kann. Das haben jedoch nicht alle so gesehen: „Am meisten bewundere ich die Einfachheit, Klarheit, Genauigkeit seiner Sprache. Er macht keine Sprüche, und er versucht niemals zu bluffen", schreibt Carl Zuckmayer über Heinrich Böll.[60] Der Romanarchitekt Böll ist zudem oft unterschätzt worden: Bücher wie „Gruppenbild mit Dame" oder „Die verlorene Ehre der Katharina Blum" sind komplexe Montagen aus dokumentarischem und fiktionalem Material und keineswegs konventionell konstruiert. In dem Roman „Fürsorgliche Belagerung" (1979) wird kapitelweise aus der Perspektive verschiedener Figuren berichtet; ein Beispiel für antilineare Handlungsentfaltung. Der Roman verfügt über eine komplexe Erzählstruktur, die den auktorialen Erzähler, den „omnipotenten“ Autor, destruiert.

Ferner ist Böll „Zeitverhaftetheit“ vorgeworfen worden – ein wenig nachvollziehbarer Punkt: Wenn Literatur wie ein Fernrohr in die Vergangenheit reicht und die Gegenwärtigen beredt über das Gewesene informiert, kann darin kein Mangel zu erkennen sein. Gute Bücher liefern immer eine präzise Analyse ihrer Epoche, betreiben sinnliche Geschichtsschreibung. Für Angehörige einer jüngeren Generation sind Bölls Erzählungen und Romane ein unerschöpflicher Fundus an Alltagsgeschichten aus einer Zeit, die auch unser Leben maßgeblich bestimmt hat. Wenn man Böll liest, meint man diese Zeit spüren, hören und schmecken zu können. Der Vorwurf der „Normaleleuteschreiberei“ und des „Waschküchenmiefs“ der unmittelbaren Nachkriegszeit erscheint heute wie gestern überheblich. Ganz frei von Neid sind diese Urteile von deutlich weniger erfolgreichen Kollegen vielleicht auch nicht. Und: Viele Leserinnen und Leser verschlingen Bölls Kurzgeschichten, Erzählungen und Romane gerade um des Waschküchenmiefs willen! In Zeiten wie heute, in denen in vielen Ländern, auch in Deutschland, eine wachsende Kluft zwischen der sogenannten „geistigen Elite“ und den „Normalbürgern“ zu konstatieren ist, erscheint ein Schriftsteller interessant, der sich so dezidiert mit verschiedenen sozialen Milieus beschäftigt hat. Denn von der Waschküche findet Böll spielend leicht zurück zur großen Bühne der Politik, er weiß die Sphären zu verknüpfen: Kaum ein Autor informiert so gut wie Böll über die bundesrepublikanische Nachkriegswirklichkeit, über den Ausgang und Nachklang des Krieges. Typisch für ihn ist eben nicht, die großen Täter oder Helden zu studieren, sondern das Leben „einfacher Leute“ unter die Lupe zu nehmen. Bölls ergreifende, farbige Romane über Familien, durch die sich der Graben zwischen Nazibegeisterten und Nazikritikern zieht, lesen sich kenntnisreicher und besser als viele der Bücher, die in den vergangenen Dekaden dazu veröffentlicht wurden. Seine Figuren – ob es sich um Haushälterinnen, Gelegenheitsclowns, Architekten oder Regionalpolitiker handelt – folgen einem auf Schritt und Tritt; es ist unmöglich, sie zu vergessen.

Resümierend lässt sich über Heinrich Böll feststellen: „Er war politisch, als es unmodern war, politisch zu sein. Er war unbequem, als man es sich gerade auf dem Wohlstandssofa bequem machte. Und er war moralisch, als man von Moral nichts hören wollte. Vor allem aber war er eigensinnig, stur und wütend in einer Art und Weise, wie man es in einer deutschen Talkshow heute so nicht mehr findet. Er legte sich mit allen an: der Gesellschaft, dem Staat, der Kirche, den Unternehmern, sogar mit der riesengroßen Sowjetunion. Und jedes große und kleine politische Thema fand bei ihm einen kritischen Widerhall: die Restauration, die Wiederbewaffnung, die Notstandsgesetze, Springers Einfluss, der Deutsche Herbst, die NATO-Nachrüstung usw. Er hat Bewegungen unterstützt, und wenn es keine Bewegung gab, eigenhändig Trubel gemacht. Er konnte zu einer Pressekonferenz rufen – und alle, alle kamen (...). Kein Wunder, dass eine Umfrage einmal ergab, dass ihn 90 Prozent der Bevölkerung kannten."[61]

Mittlerweile scheint es auch eine Art Rehabilitierung und Renobilitierung von Heinrich Bölls Werk zu geben. Es ist zu bedauern, dass Annemarie und Heinrich sie nicht mehr miterleben können: So hält einer der bekanntesten Literaturkritiker Deutschlands, Ulrich Greiner, die Laudatio zum Erscheinen der 27-bändigen „Kölner Ausgabe". Darin widerspricht er seinem Kollegen Burkhard Müller aus der „Süddeutschen Zeitung", der sich wieder einmal abfällig geäußert hat (was man zusammenfassen kann mit: Böll sei heutzutage „ziemlich tot" und sein Werk würde nicht viel taugen) mit den Worten: „Ich will erstens zeigen, dass Böll nicht nur ein guter Mensch war, sondern auch ein guter Schriftsteller; und zweitens, dass er keineswegs tot ist, sondern dass seine Bedeutung noch gar nicht vollständig erkannt ist. Und damit meine ich die literarische Bedeutung, nicht die politische; die ist ja unbestritten, und von ihr will ich auch nicht reden." Ferner macht sich Greiner Gedanken über die möglichen Gründe für die anhaltende Kritik und ein zukünftiges postironisches Zeitalter, in dem man Böll vielleicht weniger kritisch gegenüberstehen würde. Er erkennt in Böll einen ebenso mitfühlenden wie auch zornigen Schriftsteller – und in Mitgefühl und Zorn als Haltung zur Welt sieht er konsequenterweise eine andere ästhetische Praxis am Werk als in der Ironie. Böll wird

Sitzblockade in Mutlangen, 1983; Annemarie Böll ist in der Bildmitte zu sehen

daher im gegenwärtigen „ironischen Zeitalter" schlicht nicht immer verstanden, was jedoch nach Greiner, für den Heinrich Böll schon ein Jugendheld war, eher ein Problem der Rezipienten denn des zur Diskussion stehenden literarischen Werks sei.[62]

Man fragt sich, was Annemarie Böll über solch eine Verteidigung von Heinrich Böll durch Ulrich Greiner denken würde. Vermutlich würde sie, die Feinsinnige, sich freuen über eine so genaue Differenzierung und faire Betrachtung unterschiedlicher ästhetischer Praktiken, die grundsätzlich mit der jeweiligen Haltung auf die Welt korrelieren. Fair ist diese Ansicht auch deshalb, weil Greiner eben nicht zustimmt, dass eine moralisch grundierte ästhetische Praxis (zu der beispielsweise gehört, die eigenen Figuren als Autor nicht „vorzuführen") irgendwie minderwertig sei, was ja viele Kritiker immer suggeriert haben. An dieser Stelle kann keine grundsätzliche literaturwissenschaftliche Diskussion einsetzen; relevant ist hier, dass ein Umdenken eingesetzt hat, von dem die Bölls jedoch nicht mehr viel mitbekamen.

Einer der letzten gemeinsamen öffentlichen Auftritte von Annemarie und Heinrich Böll ist der Protest vor der US-Raketenbasis in Mutlangen in Baden-Württemberg am 1. September 1983: An diesem Tag finden sich mehr als 600 Friedensaktivistinnen und -aktivisten vor der US-Raketenbasis ein. Mit einer Sitzblockade demonstrieren sie gegen die im Rahmen der „Nachrüstung" dort geplante Stationierung von Pershing-Raketen. Unter den Demonstranten sind viele prominente „Friedensbewegte" aus Politik und Kultur, so auch Petra Kelly und Wolf Biermann. Alle sitzen auf dem Boden, nur einer nicht: Heinrich Böll. Er nimmt auf einem Campingstuhl Platz. Sein schmerzendes Bein – er kämpft ja mit einem Gefäßleiden – lässt nichts anderes zu. Eine Protestlerin erinnert sich später: „Er saß da, würdig und ernst über unsere Köpfe blickend. Ich dachte: Er ist der Papst der Friedensbewegung."

Das Jahr 1985 wird für Annemarie ein besonders schweres werden. Heinrich muss mehrfach ins Krankenhaus, sich Operationen unterziehen. Am 15. Juli wird er entlassen, um sich vor einer weiteren Operation erst einmal im Sommerhaus in Langenbroich zwischen den OPs zu erholen. Doch am 16. Juli 1985 stirbt Heinrich

Böll an den Folgen des Gefäßleidens, mit dem er schon lange zu kämpfen hatte.

Ausgerechnet jetzt muss sich ein Vertreter der Katholischen Kirche noch eine Lüge, eine Unverschämtheit leisten. Ein Bekannter, der Priester Herbert Falken, erzählt der Presse nach dem Ableben von Heinrich Böll, dass der Todkranke ein kleines Kreuz in seinen Händen gehalten und gesagt habe: „Das ist das Einzige, was mir geblieben ist." Herbert Falken behauptet auch noch, neben dem Bett des Verstorbenen hätte sich eine Bibel befunden. Seine Absichten sind klar. Er möchte Böll, den Ausgetretenen, an seinem Lebensende noch als Reumütigen, als unterwürfig in den Schoß der Kirche Zurückgekehrten rehabilitieren. Eine Rehabilitierung auf die die Familie Böll aber gut verzichten kann, zumal Falken die Unwahrheit sagt.

Heinrich Böll wird jedoch auf eigenen Wunsch kirchlich begraben. Proteste gegen diese Entscheidung weist der Vatikan mit einem Argument zurück, das Böll wohl gefallen hätte: Es entspreche nicht „dem Ernst der letzten Stunde eines Mitmenschen, zu fragen, ob er zuvor seine geschuldete Kirchensteuer nachbezahlt hat", bescheidet Rom denen, die Böll den kirchlichen Segen nicht gönnen.[63] Bundespräsident und Bundeskanzler senden Beileidstelegramme. Richard von Weizsäcker, der bei der Beerdigung zugegen war, nennt Böll einen „Anwalt der Schwachen" und einen „Feind der Selbstgerechtigkeit". Helmut Kohl oder vielmehr seinem Redenschreiber fällt zu Böll pfiffig ein, er habe „eigene Ansichten nie verleugnet".

Auch Willy Brandt äußert sich. Er schreibt in seiner Würdigung, Heinrich Böll habe zeitlebens auf seine Unabhängigkeit Wert gelegt und jeden Versuch, ihn zu vereinnahmen, sich mit aller Milde, aller Höflichkeit verbeten. Und Böll habe den Blick der Gesellschaft dafür geschärft, dass längst nicht alles gesichert sei, dass die Bedrohung in immer neuer Gestalt erwachse.

Heinrich Bölls letztes Werk „Frauen vor Flusslandschaft" erscheint posthum, einen Monat nach seinem Tod, im August 1985. Der Roman ist ein keineswegs schmeichelhaftes literarisches Dokument und Denkmal für Bonn als Regierungssitz der Bundesrepublik.

Nach Heinrich Bölls Tod geben sich viele Schulen in der Bundesrepublik seinen Namen.

Annemarie Böll wird, abgesehen von einem Nachzügler, einem Bilderbuch im Jahr 1990, von nun an nichts mehr übersetzen. Der Nachzügler ist „Der Riese Turramulli", ein schönes Märchen australischer Aborigines. Vielleicht war dies noch ein Versuch, sich, lange bevor es modisch geworden ist, für wenig beachtete Kulturen des sogenannten Globalen Südens im Rahmen der eigenen Möglichkeiten einzusetzen.

Auch Dieter Kühn hat zum Quasi-Ende von Annemarie Bölls Übersetzungsarbeit mit dem Tod ihres Mannes keine Antwort; er spricht von einer Zäsur. Möglicherweise fehlt Annemarie ihr Mann, mit dem sie über alle Buchprojekte, alle Texte, alle Herangehensweisen an eine Übersetzung sprechen konnte, auch wenn sie den weitaus größeren Part geleistet hat? Wir wissen es nicht.

Annemarie wendet sich nun einem neuen Vorhaben zu: Sie beteiligt sich engagiert an der Gründung der nach Heinrich Böll benannten Stiftung. Am 18. November 1987, nur zwei Jahre nach dem Tod ihres Mannes, wird die Heinrich-Böll-Stiftung von rund 500 Menschen gegründet. Annemarie Böll ist da schon 77 Jahre alt. Die Weiterentwicklung der Stiftung begleitet sie auch in den darauffolgenden Jahren. Um sich eine Vorstellung von der Größe des Unterfangens zu machen: Die Heinrich-Böll-Stiftung unterhält heute Büros in 34 Ländern, arbeitet international mit über hundert Partnerprojekten in mehr als 60 Ländern zusammen und beschäftigt fast 300 Mitarbeiterinnen und Mitarbeiter.

Eine damalige Äußerung von Annemarie Böll zu Sinn und Zweck der Einrichtung ist auch heute noch gültig: „Eine Stiftung, die den Namen meines Mannes trägt, sollte ein Sammelpunkt, ein Stützpunkt, ein Ort der Ermutigung und Unterstützung für Gruppen und Einzelpersonen sein, die versuchen, eine menschlichere, friedlichere und gerechtere Welt zu bauen – die versuchen fortzusetzen, was er als Einzelner oder zusammen mit Schriftstellerkollegen mit seinen begrenzten Möglichkeiten, aber mit Einsatz aller Kraft zu leisten versucht hat."

Annemarie ist ferner von 1991 bis 2001 (da ist sie schon über 90 Jahre alt) Vorsitzende und Jurymitglied des Heinrich-Böll-Haus

Portrait Annemarie Böll,
Bernhard Müller-Feyen
(1931–2004), um 1962

Langenbroich e. V. Das ehemalige Sommerhaus der Familie dient seit seinem Umbau (erfolgt durch ihren jüngsten Sohn, den Architekten Vincent Böll) und der Einweihung am 9. Juni 1991 als Stipendiatenhaus und Zufluchtsstätte für Künstlerinnen und Künstler unterschiedlicher Disziplinen aus aller Welt.

Erster Gast noch vor der offiziellen Eröffnung ist im Juni 1990 der kurdische Schriftsteller Abdul Kadir Konuk. Im Jahr darauf findet anlässlich der Eröffnung unter dem Titel „Literaturen in der Sowjetunion“ ein deutsch-russisches Schriftstellertreffen statt. Rund 140 Stipendiatinnen und Stipendiaten sind mittlerweile schon zu Gast gewesen in Langenbroich. Die Liste der Ehemaligen ist lang. Es finden sich darunter Gäste aus Syrien, Albanien, dem Kosovo, Bosnien, Serbien, Rumänien, Bulgarien, der Türkei, dem Iran, aus der Ukraine, aus Belarus, Russland, Usbekistan, aus Ägypten, Algerien, Kuba, Nicaragua, El Salvador, Kolumbien, aus Nigeria, Namibia, Simbabwe, Kenia, aus Indien, Sri Lanka, Pakistan, China, Indonesien und auch aus Deutschland.

Bevorzugt werden Autorinnen und Autoren aus Ländern, in denen die Arbeitsbedingungen politisch und ökonomisch erschwert sind, in denen Publikations-, Aufführungs- oder Ausstellungsmöglichkeiten behindert oder verboten werden. Weitere Kriterien sind die wirtschaftliche Not der Antragstellenden und natürlich die künstlerischen Qualitäten.

Die Wohnungen werden den Stipendiatinnen und Stipendiaten in einem Zeitraum von vier bis sechs Monaten mietfrei zur Verfügung gestellt; ein Stipendium sorgt in dieser Zeit für den nötigen Unterhalt. Das Land Nordrhein-Westfalen unterstützt die Künstlerhilfe durch den Heinrich-Böll-Fonds des Landes NRW.

Der Verein bemüht sich außerdem um die Vermittlung von Lesungen, Diskussionsveranstaltungen, Seminaren, Aufführungen und Ausstellungen, die über die kulturelle und politische Situation in den Heimatländern der Gäste informieren. Zweimal im Jahr entscheidet die Leitung des Hauses über die Vergabe der Stipendien. Sie arbeitet mit dem Komitee „Writers in Prison“ des PEN International sowie mit dem Writers-in-Exile-Komitee des PEN-Zentrums Deutschland zusammen.

In Langenbroich hat Annemarie Böll keine Berührungsscheu: Gerade in den ersten Jahren dieser Tätigkeit verbringt sie mehrere Sommerwochen zusammen mit den jeweiligen Stipendiatinnen und Stipendiaten im Heinrich-Böll-Haus, wo ihr nach dem Umbau ein eigener Trakt zur Verfügung steht. Solch eine direkte Nähe trauen sich nur wenige Stiftungsvorstände zu. Aber Annemarie Böll interessieren die Kulturschaffenden wirklich, die sie mitausgewählt hatte.

Neben der Stiftungs- und Vereinsarbeit ist Annemarie Böll in ihren letzten Lebensjahren intensiv mit der Aufarbeitung des Nachlasses ihres Mannes beschäftigt. Das bedeutet unter anderem das Sichten von unglaublich viel Korrespondenz und von unveröffentlichten Werken.

So begleitet und fördert sie die Neuedition der Werke im Rahmen der sogenannten „Kölner Ausgabe“, die, siebenundzwanzigbändig, von 2002 bis 2010 im Verlag Kiepenheuer & Witsch erscheint. Die „Kölner Ausgabe“ von Heinrich Bölls Gesamtwerk stellt das größte editorische Unternehmen in der Geschichte des Verlags Kiepenheuer & Witsch dar. Diese monumentale Veröffentlichung erlebt Annemarie Böll jedoch nur noch in den ersten beiden Jahren.

Die Herausgabe von „Der Engel schwieg", einem der frühen Romane Heinrich Bölls, in der unmittelbaren Nachkriegszeit im kriegszerstörten Köln verfasst, zählt ebenfalls zu einem der späten Projekte Annemarie Bölls.

Die Vergangenheit, die schwierigen Anfänge der unmittelbaren Nachkriegszeit, scheinen ihr immer präsent zu sein: Am Rande einer Ausstellung zum Werk ihres Mannes verrät Annemarie Böll einmal, so Dieter Kühn, dass sie immer daran denken müsse, wie viel von dem, was es hier zu sehen gäbe, an ihrem Küchentisch geschrieben worden sei.

Sie führt noch lange Gespräche mit Heinrich Bölls erstem Biographen, dem renommierten Literaturkritiker und Essayisten Heinrich Vormweg, der, deutlich jünger als sie, wenige Monate vor ihr stirbt. Von ihm erscheint „Der anderer Deutsche. Heinrich Böll", eine wegweisende Biographie über Heinrich Böll, zu der Annemarie viel beigetragen hat. Es wird hierin auch deutlich, dass sie lieber über gemeinsame Themen spricht als über ihr ureigenes Erleben.

Viele Gespräche führt sie auch mit Dieter Kühn, der mit ihr gemeinsam in Langenbroich in der Jury für die Auswahl der Stipendiatinnen und Stipendiaten sitzt. Von ihm erscheint schließlich im Jahr 2000 „Auf dem Weg zu Annemarie Böll. Eine biographische Skizze".[64]

In ihren letzten Lebensjahren transkribiert und ediert Annemarie Böll die aufsehenerregenden – größtenteils an sie gerichteten – Briefe, die ihr Mann während des Krieges verfasst hatte. Sie bezeichnet diese als eine für sie persönlich „kostbare Hinterlassenschaft" und allgemein als „wichtiges Zeitzeugnis". Unter dem Titel „Briefe aus dem Krieg. 1939–1945" werden sie im Jahr 2001 von Jochen Schubert, Germanist und Mitarbeiter der Böll-Stiftung und einer der sechs Herausgeber der „Kölner Ausgabe", mit einem Vorwort von Annemarie Böll herausgegeben. Sie sind ein einmaliges Dokument und Zeugnis von Krieg und Not, gerade weil sie direkt im Krieg unter schwierigsten Umständen verfasst worden sind. Als hochbetagte Frau lebt Annemarie Böll zurückgezogen in Bornheim-Merten, an allem aber wie stets interessiert und teilnehmend, so René Böll; die letzten Lebensmonate verbringt sie in

Langenbroich. Die EU-Osterweiterung im Mai 2004 bekommt sie, die sich immer für Versöhnung in Mitteleuropa eingesetzt hat, noch mit.

Annemarie Böll stirbt friedlich im Alter von 94 Jahren am 15. November 2004 in Langenbroich, wie ihr Mann zuvor auch. Bis auf die letzten Stunden ist sie, so berichtet es René Böll, bei vollkommen geistiger Klarheit gewesen.

Die Heinrich-Böll-Stiftung schreibt in ihrem Nachruf: „Ein alle literarischen Sparten umfassendes Übersetzungswerk fand (...) seinen Abschluss. Ein Vermittlungswerk zwischen Sprachen, das zugleich auch eines zwischen Menschen war. Und Ausdruck ihrer Liebe zur Sprache und Literatur, einer Liebe, die sie mit ihrem Mann, dem Literaturnobelpreisträger Heinrich Böll, teilte."

Annemarie und Heinrich Böll, die man eigentlich nur zusammen denken kann, haben eine Lücke hinterlassen, die sich auch Jahrzehnte nach ihrem Ableben nicht schließen lässt. Sie fehlen einfach.

Solche wie sie, so bescheiden und „einfach" geblieben, bei aller intellektuellen Brillanz, so redlich, ohne dabei phantasielos und langweilig zu werden, hat es auf der großen gesellschaftlichen Bühne nicht mehr gegeben.

Doch ihre vielen Texte, Briefe, Essays, Reden, Notizen, Bücher und Übersetzungen liegen uns vor, ebenso das Wissen um ihr gesellschaftspolitisches Engagement, ihr tief verankerter, christlich fundierter Humanismus. Beides kann als eine Quelle der Inspiration und der Zuversicht dienen und als moralischer Kompass in einer herausfordernden Zeit.

## Verweise


**1**
Zitiert nach Dieter Kühn: Auf dem Weg zu Annemarie Böll. Eine biographische Skizze, Heinrich-Böll-Stiftung, Berlin 2000 (vergriffen).

**2**
René Böll (Hrsg.): „Der Panzer zielte auf Kafka. Heinrich Böll und der Prager Frühling", Kiepenheuer & Witsch, Köln 2018.

**3**
Dieter Kühn, a.a.O.

**4**
Heinrich Böll: „Was soll aus dem Jungen bloß werden? Oder: Irgendwas mit Büchern", Lamuv-Verlag, Bornheim-Merten 1981.

**5**
Ebd.

**6**
„Ansichten eines Autors", Reihe: Schriftsteller der Gegenwart, Sender Freies Berlin/Fernsehen, 11. September 1969.

**7**
Lutz Frühbrodt: Heinrich Böll. Das schlechte Gewissen des westdeutschen Katholizismus. Die zweite Aufklärung, 20. Oktober 2020, www.zweite-aufklaerung.de

**8**
„Ansichten eines Autors", Reihe: Schriftsteller der Gegenwart, a.a.O.

**9**
Heinrich Böll: Interview-Film, Bericht mit Zitaten in: Zitty, Nr. 23, 6. November 1977.

**10**
Ebd.

**11**
Heinrich Böll/Christian Linder: Drei Tage im März, Kiepenheuer und Witsch, Köln 1975.

**12**
Siehe: http://www.heinrich-boell.de/HeinrichBoellUebermich.htm

**13**
Heinrich Böll: Kriegstagebücher 1939–1945, Kiepenheuer & Witsch, Köln 2001.

**14**
Dieter Kühn, a.a.O.

**15**
Zitiert nach Walter van Rossum: „Kriegstagebücher von Heinrich Böll. Ästhetik des Unsäglichen", Deutschlandfunk, 6. Oktober 2017.

**16**
Heinrich Böll: Man möchte manchmal wimmern wie ein Kind. Die Kriegstagebücher 1943 bis 1945, Kiepenheuer & Witsch, Köln 2017.

**17**
Walter van Rossum, a.a.O.

**18**
René Böll in einer Korrespondenz mit der Autorin.

**19**
Heinrich Böll und Herbert Hoven (Hrsg.): Die Hoffnung ist wie ein wildes Tier: Briefwechsel mit Ernst-Adolf Kunz 1945–1953. Deutscher Taschenbuch Verlag, München 1997.

**20**
Heinrich Böll: Hoffentlich kein Heldenlied (1981), Kölner Ausgabe, Band 22, Kiepenheuer & Witsch, Köln, 2007, S. 79–85.

**21**
Dieter Kühn, a.a.O.

**22**
Heinrich Böll und Herbert Hoven, a.a.O.

**23**
Ebd.

**24**
Zitiert nach Dieter Kühn, a.a.O.

**25**
„Einmischung erwünscht“, neues deutschland, 20. Dezember 2017.

**26**
Heinrich-Böll-Chronik, www.heinrich-boell.de

**27**
Dieter Kühn, a.a.O.

**28**
Ebd.

**29**
Heinrich Böll und Herbert Hoven, a.a.O.

**30**
Ebd.

**31**
Interview mit Thomas Mandl: Aufgaben des Übersetzers, Deutschlandfunk, 26.11.1964.

**32**
Werkstattgespräch mit Horst Bienek, Hessischer Rundfunk, 19.10.1961, in: Horst Bienek: Werkstattgespräche mit Schriftstellern, Carl Hanser Verlag, München 1962, S. 138–151; auch: Kölner Ausgabe, Band 24, S. 73–86.

**33**
Dieter Kühn, a.a.O.

**34**
Ralf Schnell: Heinrich Böll und die Deutschen, Kiepenheuer & Witsch, Köln 2017.

**35**
Siehe: http://www.heinrich-boell.de/HeinrichBoellUebermich.htm

**36**
Kölner Ausgabe, Band 22, Kiepenheuer & Witsch, Köln 2007.

**37**
Text von René Böll zum Katalog: „Oliver Jordan: Augenblicke“. Oliver Jordan hat mit den Mitteln der Malerei Portraits und Collagen von Heinrich Böll angefertigt.

**38**
Deutschlandfunk, „Fluchtort für einen jungen, hungrigen Dichter“, Michael Marek, 5. Dezember 2022.

**39**
Ebd.

**40**
René Böll (Hrsg.): „Der Panzer zielte auf Kafka.“, a.a.O. (Abdruck der Zitate aus „Der Panzer zielte auf Kafka“ mit freundlicher Genehmigung des Verlags Kiepenheuer & Witsch)

**41**
Heinrich Böll, Lew Kopelew: Briefwechsel, Steidl, Göttingen 2011.

**42**
Ebd.

**43**
Dieter Kühn, a.a.O.

**44**
René Böll (Hrsg.): „Der Panzer zielte auf Kafka.“, a.a.O.

**45**
Markus Schäfer: Wohnorte von Heinrich Böll, https://literaturin koeln.de/2021/04/14/wohnorte-von-heinrich-boll-3/

**46**
Heinrich Vormweg: Der andere Deutsche, Heinrich Böll, Kiepenheuer & Witsch, Köln 2000.

**47**
Bernd Rheinberg: „Der böse Böll“, 3. Dezember 2017, www.salon kolumnisten.com

**48**
Norbert Richter (Hg.): Mut und Melancholie, J.H.W. Dietz Nachf., Bonn 2017.

**49**
Lew Kopelew, Raissa Orlowa-Kopelewa: Wir lebten in Moskau, Knaus Verlag, München 1987.

**50**
Bernd Rheinberg, a.a.O.

**51**
Welt, 20. November 2004.

**52**
Heinrich Vormweg, a.a.O.

**53**
Sabine Adler, DLF, 9. Dez. 2020, „Vor 50 Jahren: Alexander Solschenizyn erhält den Literaturnobelpreis“.

**54**
Heinrich Vormweg, a.a.O.; vergleiche hierzu: Markus Schäfer: „Vor 50 Jahren: Solschenyzin bei Böll“, www.boell.de, 12. Feb. 2024.

**55**
Nicolaus Neumann und Jörn Voss: „Der Mann am Pranger, Stern, 5. Oktober 1977.

**56**
Ebd.

**57**
Ebd.

**58**
Heinrich Böll: Was soll aus dem Jungen bloß werden? Oder: Irgendwas mit Büchern, Lamuv Verlag, Bornheim-Merten 1981.

**59**
Bernd Rheinberg, a.a.O.

**60**
Zitiert nach www.heinrich-boell.de

**61** Bernd Rheinberg, a.a.O.

**62**
Ulrich Greiner, Laudatio auf die „Kölner Ausgabe“, 19. November 2010, www.boell.de

**63**
Thomas Jansen: „Heinrich Böll. Ein katholischer Rebell“, chrismon.de, 21. Dezember 2017.

**64** Dieter Kühn, a.a.O.

# Übersetzungen von Annemarie Böll, zum Teil unter Mitarbeit von Heinrich Böll

Zusammenstellung Heinrich-Böll-Archiv der Stadt Köln

## Antov, Drasko

1969
**Ein Mädchen wird erwachsen**
Westdeutsche Allgemeine Zeitung (Essen) 22. Jg., Nr. 236, (11.10.69)

1969
**Immer so vergesslich**
Saarbrücker Zeitung 25. Jg, Nr. 205, (6./7.9.69), S. 33

## Behan, Brendan

1958
**Die Geisel (Theaterstück)**
Köln: Gustav Kiepenheuer Bühnenvertrieb, 1958/59.
[Orig. *The Hostage.* London: Methuen, 1958.]
Als Bühnenmanuskript bei: Ute Nyssen und J. Bansemer, Theaterverlag, Köln 1982/83 (inkl. Der Spaßvogel). Aufgeführt am 27.10.61 in Ulm.

1958
**Der Mann von morgen früh (Theaterstück)**
Köln: Gustav Kiepenheuer Bühnenvertrieb, 1958/59.
[Orig. *The Quare Fellow. A Comedy-Drama.* Dublin: Progress-House, 1956.]
Deutsche Aufführung: Berlin, Schiller-Theater (13.3.59). Gekürzte Neufassung u.d.T.: Der Spaßvogel. Köln: Gustav Kiepenheuer Bühnenvertrieb, 1962. Deutsche Aufführung von Peter Zadek in Bremen im März 1963.

1959
**Ein Gutshaus in Irland**
Gesendet: Norddeutscher Rundfunk am 13.5.1959.
Gedruckt: Stücke fürs Theater. Deutsche Bearbeitung von Annemarie und Heinrich Böll. Neuwied/Berlin: Luchterhand, 1962.
[Orig. *The Big House.*]

1962
**Autobiographisches Stenogramm**
In: Stücke fürs Theater. Neuwied/Berlin: Luchterhand, S. 5–8.
Darin die Stücke Der Mann von morgen früh, Die Geisel und Ein Gutshaus in Irland.

1966
**Der Spanner (Roman)**
Köln/Berlin: Kiepenheuer & Witsch, 1966.
[Orig. *The Scarperer.* New York: Doubleday, 1964.]

1968
**Der Umzug, Die Garten-Party**
Gesendet: Norddeutscher Rundfunk (Hamburg) 7.8.1968.
Gedruckt: Zwei Kurzhörspiele. Berlin: Henschelverlag, 1969.
[Orig. *Moving out, The Garden Party.*]

1978
**Bekenntnisse eines irischen Rebellen**
Köln: Kiepenheuer & Witsch, 1978.
[Orig. *Confessions of an Irish Rebell.* London: Hutchinson, 1965.]

## Cicellis, Kay

1953
**Kein Name bei den Leuten**
Köln/Berlin: Kiepenheuer & Witsch, 1953.
[Orig. *No Name in the Street*. London: The Harvill Press, 1952.]

1956
**Tod einer Stadt**
Köln/Berlin: Kiepenheuer & Witsch, 1956.
[Orig. *Death of a Town*. London: The Harvill Press, 1954.]

## Cooper, Susan

1977
**Wintersonnenwende**
München: C. Bertelsmann Verlag, 1977.
[Orig. *The Dark is Rising*. New York: Atheneum, 1973.]

1984
**Bevor die Flut kommt**
Ravensburg: Otto Maier Verlag, 1984.
[Orig. *Over Sea, Under Stone*. London: Jonathan Cape, 1965.]

1985
**Greenwitch**
Ravensburg: Otto Maier Verlag, 1985.
[Orig. *Greenwitch*. New York: Atheneum, 1974.]

## Dickens, Charles

1983
**Ich – der Komödiant. Die Memoiren des Joseph Grimaldi**
Berlin: Siedler Verlag, 1983.
[Orig. *Memoirs of Joseph Grimaldi*. London: Routledge, 1838.]

## Dillon, Eilis

1964
**Die Insel der Pferde**
Freiburg: Herder Verlag, 1964.
[Orig. *The Island of Horses*. London: Faber & Faber, 1956.]

1966
**Die Insel des großen John**
Freiburg: Herder Verlag, 1966.
[Orig. *The Coriander*. London: Faber & Faber, 1963.]

1967
**Die schwarzen Füchse. Die Abenteuer der vier Inselkinder mit der Fuchsfamilie**
Freiburg: Herder Verlag, 1967.
[Orig. *A Family of Foxes*. London: Faber & Faber, 1964.]

1968
**Die Irrfahrt der „Santa Maria“**
Freiburg: Herder Verlag, 1968.
[Orig. *The Cruise of the Santa Maria*. London: Faber & Faber, 1967.]

1969
**Die Springflut**
Freiburg: Herder Verlag, 1969.
[Orig. *The Sea Wall*. London: Faber & Faber, 1965.]

1972
**Peter der Kundschafter: abenteuerliche Sommerferien an der irischen Küste**
Freiburg: Herder Verlag, 1972.
[Orig. *A Herd of Deer*. London: Faber & Faber, 1969.]

1980
**Im Schatten des Vesuvs: Timon erlebt die letzten Tage von Pompeji**
Freiburg: Herder Verlag, 1980.
[Orig. *The Shadow of Vesuvius*. London: Faber & Faber, 1977.]

## Fatio, Louise

1971
**Das Geheimnis des glücklichen Löwen**
Freiburg: Herder Verlag, 1971.
[Orig. *The Happy Lion's Treasure.* New York: McGraw-Hill, 1971.]

## Field, Rachel

1980
**Die Tochter des Riesen**
München: Georg Lentz, 1980.
[Orig. *Hepatica Hawks.]*

## Findley, Timothy

1978
**Der Krieg und die Kröte**
München: Piper, 1978.
[Orig. *The wars.* Toronto/Vancouver: Clarke, Irwin, 1977.]

## Gillespie, Elgy

1982
**Irland**
München: Delphin, 1982.
[Orig. *The Country Life Picture Book of Ireland.* New York: Hamlyn, 1980.]

## Hackel, Sergei

1967
**Die größere Liebe**
Düsseldorf: Patmos-Verlag, 1967.
[Orig. *Pearl of Great Price. The Life of Mother Maria Skobtsova 1891–1945.* London: Darton, Longman & Todd, 1965.]

## Henry, O. (Pseudonym für William Sydney Porter)

1973
**Ruf der Posaune und andere Stories (Erzählungen)**
Deutsch von Annemarie und Heinrich Böll, Thomas Eichstätt, Wilhelm Höck, Theo Schumacher und Hans Wollschläger.
Freiburg/Olten: Otto-Walter-Verlag, 1973.
Gesammelte Erzählungen aus 1.) Die vier Millionen [The Four Million] 2.) Die klügere Jungfrau [The Trimmed Lamp] 3.) Das Herz des Westens [Heart of the West] 4.) Die Stimme der Stadt [The Voice of the City].
Daraus die von Annemarie und Heinrich Böll übersetzten Erzählungen:
Ein Liebesdienst [A Service of Love] / Der Liebestrank des Ikey Schoenstein [The Love-Philtre of Ikey Schoenstein] / Liebesgeschichte eines vielbeschäftigten Börsenmaklers [The Romance of a Busy Broker] / Das möblierte Zimmer [The Furnished Room] / Tildys kurzes Début [The Brief Début of Tildy] / Die klügere Jungfrau [The Trimmed Lamp] / Das Pendel [The Pendulum] / Zwei Herren am Erntedankfest [Two Thanksgiving Day Gentlemen] / Die Ziegelstaubgasse [Brickdust Row] / Russischer Zobel [Vanity and Some Sables] / Das purpurrote Kleid [The purple Dress] / Die verlorene Mischung [The Lost Blend] / Eine Tragödie in Harlem [Harlem Tragedy] / Das letzte Blatt [The Last Leaf] / Der Graf und der Hochzeitsgast [The Count and the Wedding Guest] / Elsie in New York [Elsie in New York] / Die Prinzessin und der Puma [The Princess and the Puma] / Ein knickriger Freier [A Lickpenny Lover] / Eintausend Dollar

[One Thousand Dollars] / Ruf der Posaune [The Clarion Call] / Vertreibung aus Bohemien [Extradited from Bohemia]

1974

**Handel am Blackjack und andere Stories (Erzählungen)**

Deutsch von Annemarie und Heinrich Böll, Thomas Eichstätt, Wilhelm Höck, Theo Schumacher und Hans Wollschläger.
Freiburg/Olten: Otto-Walter-Verlag, 1974.
Gesammelte Erzählungen aus 1.) Der edle Gauner [The Gentle Gafter] 2.) Zur Wahl [Options] 3.) Wege des Schicksal [Roads of Destiny] 4.) Wirbel [Whirligigs].
Daraus die von Annemarie und Heinrich Böll übersetzten Erzählungen: Jeff Peters und der persönliche Magnetismus [Jeff Peters as a Personal Magnet] / Eine Mitsommermaskerade [A Midsummer Masquerade] / Unschuldslämmer des Broadway [Innocents of Broadway] / Der Mann über mir [The Man Higher Up] / Geiseln des Momus [Hostages to Momus] / Die Rose von Dixie [The Rose of Dixie] / Die dritte Zutat [The Third Ingredient] / Das bezaubernde Profil [The Enchanted Profile] / Phöbe [Phoebe] / Das Lösegeld für den roten Häuptling [The Ransom of Red Chief] / Im Wonnemonat Mai [The Marry Month of May] / Ein verschmähtes Opfer [A Sacrifice Hit]

1974

**Nebel in Santone und andere Stories (Erzählungen)**

Deutsch von Annemarie und Heinrich Böll, Thomas Eichstätt, Wilhelm Höck, Theo Schumacher und Hans Wollschläger.
Freiburg/Olten: Otto-Walter-Verlag, 1974.
Gesammelte Erzählungen aus 1.) Streng geschäftlich [Strictly Business] 2.) Sechser und Siebener [Sixes and Sevens] 3.) Rollende Steine [Rolling Stones] 4.) Strandgut [Waifs and Strays].
Daraus die von Annemarie und Heinrich Böll übersetzten Erzählungen: Psyche und Wolkenkratzer [Strictly Business] / Der letzte Troubadour [The Last of the Troubadours] / Hexenbrot [Witches' Loaves] / Nebel in Santone [A Fog in Santone] / Der Fluch des Grafen Eichhorst [Lord Oakhurst's Curse] / Bekenntnisse eines Humoristen [Confessions of a Humorist]

## Horgan, Paul

1956

**Weihnachtsabend in San Cristobal**

Freiburg/Olten: Otto-Walter-Verlag, 1956.
[Orig. *The Saintmaker's Christmas Eve.* New York: Farrar, Straus and Cudahy, 1955.]

1958

**Der Teufel in der Wüste**

Freiburg/Olten: Otto-Walter-Verlag, 1958.
[Orig. *The Devil in the Desert.* London: Macmillan, 1954.]

1960

**Eine Rose zur Weihnacht**

Freiburg/Olten: Otto-Walter-Verlag, 1960.
[Orig. *One Red Rose for Christmas.* London: Macmillan., 1954.]

## Hvalkopf, Soeren; Aaby, Peter (Hrsg.)

1980
**Ist Gott Amerikaner?**
Bornheim-Merten: Lamuv, 1980.
[Orig. *Is God an American?* Kopenhagen: IWGIA, (nicht veröffentlicht).]
Hvalkopf, Soeren und Aby, Peter: Wie man Gott ins Paradies des Teufels trägt [Introducing God in the Devil's Paradise] und „Kein Tabak, kein Hallelujah" [„No Tobacco, No Hallelujah"].
Stoll, David: Worte können auf so vielerlei Weise gebraucht werden [Words Can Be Used In So Many Ways] und Wycliffes Vormarsch in Kolumbien [Wycliffe's Colombian Advance].
Robinson, Scott S.: In Erfüllung des Auftrags: Nordamerikanische Evangelisation in Ecuador [Fulfilling The Mission: North American Evangelism in Ecuador].
Vickers, William T.: Die Jesuiten und das SIL: Außenpolitik für Ecuadors Tucanoaner während dreier Jahrhunderte [The Jesuits and the SIL: External Policies for Ecuador's Tucanoans through Three Centuries].
Arcand, Bernhard: Die bedrängte Lage der Cuiva Indios in Kolumbien.
Hahn, Robert: Missionare und Pioniere als Verursacher sozialer Wandlung bei den Rikbakca [Missionaries and Frontiersmen as Agents of Social Change among the Rikbakca].
Pereira F. und Luis A.: Geht hinaus in alle Welt und predigt allen Völkern [Go Forth to Every Part of the World and Make All Nations My Disciples. The Bolivian Instance].
Smith, Richard Chase: Das Summer Institute of Linguistics: Die Zerstörung einer Kultur, als Wohltat hingestellt [The Summer Institute of Linguistics: Ethnocide Disguised as a Blessing].
Moore, Thomas A.: Das SIL und ein „neuentdeckter Stamm": Die Erfahrung mit den Amarakaeri [SIL and a „New-Found-Tribe": The Amarakaeri Experience].
D'Ans, André Marce: Begegnung in Peru [Encounter in Peru].
Rus, Jan: Verbreitung des Evangeliums und politische Macht: Das SIL in Mexiko [Evangelization and Political Control: SIL in Mexico].

## Judson, William

1976
**In den Wäldern am Kalten Fluß**
München: C. Bertelsmann Verlag, 1976.
[Orig. *Cold River.* New York: Mason & Lipcomb, 1974.]

## Kerr, Judith

1973
**Als Hitler das rosa Kaninchen stahl**
Ravensburg: Otto Maier Verlag, 1973.
[Orig. *When Hitler Stole Pink Rabbit.* London: Collins, 1971.]

1975
**Warten bis der Frieden kommt**
Ravensburg: Otto Maier Verlag, 1975.
[Orig. *The Other Way Round.* London: Collins, 1975.]

1979
**Eine Art Familientreffen**
Ravensburg: Otto Maier Verlag, 1979.
[Orig. *A Small Person Far Away.* London: Collins, 1978.]

## Levine, Norman

1970
**Ein kleines Stückchen Blau (13 Erzählungen)**
Deutsch von Annemarie und Heinrich Böll sowie Reinhard Wagner. Düsseldorf: Claasen, 1970.
[Orig. *I Don't Want To Know Anyone Too Well.* Ottawa: Deneau Publishers, 1961.]
Daraus die von Annemarie und Heinrich Böll übersetzten Erzählungen: Ein Badeort am Meer / Ein kleines Stückchen Blau / Die Dilettanten / Eine kanadische Jugend [A Canadian Upbringing] / Ich bring dir etwas Schönes mit.

1984
**Der Spielplatz**
In: Django, Karfunkelstein & Rosen. Erzählungen. Düsseldorf: Claasen, 1987, S. 39–89.
[Orig. *The Playground.* In: Why Do You Live So Far Away?. Ottawa: Deneau, 1984.]

## Lewis, Oscar

1986
**Ein Tod in der Familie Sánchez**
Bornheim-Merten: Lamuv, 1986.
[Orig. *A death in the Sánchez family.* New York: Random House, 1969.]

## Malamud, Bernard

1960
**Der Gehilfe**
Köln: Kiepenheuer & Witsch, 1960.
[Orig. *The Assistant.* New York: Farrar, Straus and Cudahy, 1957.]
Heinrich Böll schrieb den Klappentext zur deutschen Ausgabe.

1962
**Das Zauberfaß und andere Geschichten**
Köln: Kiepenheuer & Witsch, 1962.
[Orig. *The Magic Barrel.* New York: Farrar, Straus & Cudahy, 1958.]
Das Zauberfaß [The Magic Barrel], Ein Engel namens Levine [Angel Levine], Das Mädchen meiner Träume [The Girl of My Dreams], Der letzte Mohikaner [The Last Mohican], Die Herrin der Insel [The Lady of the Lake], Der Schlüssel [Behold the Key], Die ersten sieben Jahre [The First Seven Years], Die Lektüre eines Sommers [A Summer's Readin], Die Leidtragenden [The Mourners] Die Rechnung [The Bill], Mitleid [Take Pity], Das Gefängnis [The Prison], Die Anleihe [The Loan].
Heinrich Böll schrieb den Klappentext zur deutschen Ausgabe.

1971
**Schwarz ist meine Lieblingsfarbe und andere Erzählungen**
Köln: Kiepenheuer & Witsch, 1971.
[Orig. *Idiots First. Short Stories and a Scene from a Play.* New York: Farrar, Straus & Giroux, 1963.]
Idioten zuerst [Idiots First] / Schwarz ist meine Lieblingsfarbe [Black is My Favorite Color] / Das ist mein Tod [The Death Of Me] / Berufswahl [A Choice of Profession] / Leben ist besser als Tod [Life is Better Than Death] / Der Judenvogel [The Jewbird] / Der Lebensunterhalt [The Cost Of Living] / Die Schuhe der Hausgehilfin [The Maid's Shoes] / Angenommen, Sie heiraten – Szenen eines Theaterstücks [Suppose a Wedding] / Der deutsche Flüchtling [The German Refugee].
Die Erzählungen „Still Life“ und „Naked Nude“ aus der Orginalausgabe „Idiots First“ wurden für die deutsche Zusammenstellung nicht übersetzt.

Vorabdruck der Titelerz. in: Merkur 25, Stuttgart 1971, Nr. 277, Heft 5 (Mai) S. 461–469.

1973
**Die Mieter**
Köln: Kiepenheuer & Witsch, 1973.
[Orig. *The Tenants*. New York: Farrar, Straus & Giroux, 1971.]

1977
**Rembrandts Hut (8 Erzählungen)**
Köln: Kiepenheuer & Witsch, 1977.
[Orig. *Rembrandt's Hat*. New York: Farrar, Straus & Giroux, 1973.]
Die Silberkrone [The Silver Crown] / Der Mann in der Schublade [Man in the Drawer] / Der Brief [The Letter] / Der Rentner [In Retirement] / Rembrandts Hut [Rembrandt's Hat] / Briefchen von einer Dame bei einer Dinnerparty [Notes from a Lady at a Dinner Party] / Mein Sohn, der Mörder [My Son the Murderer] / Das sprechende Pferd [Talking Horse].

## Mandela, Zindzi; Magubane, Peter

1982
**Schwarz wie ich bin. Gedichte und Fotos aus Soweto**
Bornheim-Merten: Lamuv, 1982.
[Orig. *Black as I Am*. Los Angeles: Guild of Tutor Press, 1978.]

## Moody, Anne

1970
**Erwachen in Mississippi. Eine Autobiographie**
Frankfurt a. M. Fischer-Verlag, 1970.
[Orig. *Coming of Age in Mississippi*. New York: Dial Press, 1968.]

## Naidoo, Indres; Sachs, Albie

1984
**Insel in Ketten. Bericht aus Südafrika**
Bornheim-Merten: Lamuv, 1984.
[Orig. *Island in chains*. 1982.]

## O'Brien, Flann

1966
**Das harte Leben**
Hamburg: Nannen, 1966.
[Orig. *The hard life*. London: Macgibbon & Kee, 1961.]

## O'Crohan, Tomás

1960
**Die Boote fahren nicht mehr aus. Bericht eines irischen Fischers**
Freiburg/Olten: Otto-Walter-Verlag, 1960.
[Orig. *The Islandman*. Dublin: Talbot Press, 1929.]

## Plunkett, James

1972
**Manche, sagt man, sind verdammt**
Reinbek bei Hamburg: Rowohlt, 1972.
[Orig. *Strumpet City*. London: Hutchinson & Co., 1969.]
Die Lizenzausgabe des Bertelsmann-Verlages ist unter dem Titel ‚Stadt der Verlorenen' erschienen.

## Salinger, Jerome David

1961
**Kurz vor dem Krieg gegen die Eskimos (Erzählungen)**
Köln/Berlin: Kiepenheuer & Witsch, 1961.
[Orig. *For Esmé – with Love and Squaler, and Other Stories.* London: Hamish Hamilton, 1953.]
Kurz vor dem Krieg gegen die Eskimos [Just before the War with the Eskimos.] / Der lachende Mann [The Laughing Man] / Die blaue Periode des Herrn De Daumier-Smith [De Daumier-Smith's Blue Period].

1962
**Der Fänger im Roggen**
Köln/Berlin: Kiepernheuer & Witsch, 1962.
[Orig. *The Catcher in the Rye.* New York: Little, Brown, 1951.]
Nach der ersten Übersetzung (Zürich 1954) neu durchgesehen und bearbeitet von Heinrich Böll.

1963
**Franny und Zooey**
Köln/Berlin: Kiepenheuer & Witsch, 1963.
[Orig. *Franny and Zooey.* New York: Little, Brown, 1955.]
Heinrich Böll schrieb den Klappentext zur deutschen Ausgabe.

1965
**Hebt den Dachbalken hoch, Zimmerleute. Seymour wird vorgestellt**
Köln: Kiepenheuer & Witsch, 1965.
[Orig: *Raise High the Roof Beam, Carpenters. Seymour, an Introduction.* London: Heinemann, 1963.]

## Shaw, Bernard

1965
**Caesar und Cleopatra. Historisches Drama**
Frankfurt a. M.: Suhrkamp, 1965.
[Orig. *Caesar and Cleopatra: A History.* London: Constable, 1905.)

1971
**Candida. Ein Mysterium in 3 Akten**
Frankfurt a. M.: Suhrkamp, 1971.
[Orig. *Candida. A Mystery.* London: Constable, 1905.]

1972
**Mensch und Übermensch**
Frankfurt a. M.: Suhrkamp, 1972.
[Orig. *Man and Superman. A Comedy and a Philosophy.* London: Constable, 1903.]

1972
**Handbuch des Revolutionärs**
Frankfurt a. M.: Suhrkamp, 1972.
[Orig. *The Revolutionist's Handbook and Pocket Companion by John Tanner.* London: Constable, 1903.]

1973
**Kaiser von Amerika. Eine politische Extravaganz**
Frankfurt a. M.: Suhrkamp, 1973.
[Orig. *The Apple Cart. A Political Extravaganza.* London: Constable, 1930.]

## Synge, John M.

1960
**Ein wahrer Held**
Köln: Gustav Kiepenheuer Bühnenvertrieb, 1960.
[Orig. *The Playboy of the Western World.* Dublin: Maunsel, 1907.]
Aufführung unter der Regie von Maurits Balfoort am 11.3.1960 in den Kölner Kammerspielen.

1969

**Unser Schicksal ist die See**

Köln: Kiepenheuer & Witsch, 1969.
[Orig. *Riders to the sea*. London: Elkin Mathews, 1905.]
Deutsche Erstaufführung unter dem Titel ‚Reiter zum Meer' am 30.3.1995 in der Berliner Schaubühne.

## Trezise, Percy; Roughsey, Dick

1990

**Der Riese Turramulli**

Göttingen: Lamuv, 1990.
[Orig. *Turramulli the Giant Quinkin*. Sydney: Collins, 1982.]

## Voysey, Michael

1961

**Bernadette Soubirous**

Gesendet: Westdeutscher Rundfunk (Köln) Fernsehen 3. Programm.
Regie des Fernsehspiels: Hans Quest.
Darsteller: Cornelia Boje, Horst Janson, Bernie Clairmont, Hans Elwenspoek und Christian Niemann.

## Watkins-Pitchford, Denys James (B.B.)

1982

**Im Schatten der Eule**

München: Deutscher Taschenbuch-Verlag, 1982.
[Orig. *Brendon Chase*. London: Methuen Children's Books.]

## Weesner, Theodore

1974

**Der Autodieb**

München: Franz Ehrenwirth Verlag, 1974.
[Orig. *The Car Thief*. New York: Random House, 1972.]

## White, Patrick

1957

**Zur Ruhe kam der Baum des Menschen nie**

Köln/Berlin: Kiepenheuer & Witsch, 1957.
[Orig. *The Tree of Man*. New York: Viking Press, 1955.]
Heinrich Böll schrieb hierzu auch den Klappentext.

## Wilson, David Henry

1985

**Ashmadi**

Wolfgang Krüger Verlag, 1985.
[Orig. *The Coachman Rat*. 1984.]

## Wongar, Bahumir

1983

**Der Schoß**

Bornheim-Merten: Lamuv, 1983.
[Die deutsche Ausgabe ist nach dem englischen Typoskript mit dem Titel *Walg* übersetzt worden.]
Heinrich Böll schrieb den Einleitungstext zur deutschen Ausgabe.

## Bildnachweise

Für alle Fotos und Abbildungen gilt: Archiv der Erben Heinrich Bölls, © Samay Böll (info@boell-fotos.com)

Ausnahmen:

Seite 44: Tuschezeichnung von René Böll, 2024, zu einem Zitat von Heinrich Böll: „Interessant ist das Verbrannte, das Ausgeglühte, ist die Asche", aus: Über die Gegenstände der Kunst. Ansprache zur Preisverleihung des Literaturpreises der Stadt Köln an Jürgen Becker am 26.10.1968 im Gürzenich; und Fotos von René Böll, Seiten: 71, 82/83, 88, 89, 91, 94, © By Samay Böll (info@boell-fotos.com)

Seite 63: Cover von „Der Fänger im Roggen", © Verlag Kiepenheuer & Witsch

Seite 90: Foto von René Böll mit Annemarie Böll auf einer Bank im Garten, fotografiert von Carmen Alicia Böll, © By Samay Böll (info@boell-fotos.com)

Seite 98/99: Foto Blockade in Mutlangen und © Barbara Klemm

Seite 103: Gemälde von Annemarie Böll. Bernhard Müller-Feyen (1931–2004), Öl auf Leinwand, um 1962, mit freundlicher Abdruckgenehmigung der Tochter des Malers, Tanja Müller-Feyen. Foto von Boris Böll.

Cover-Klappe: Foto von Annemarie Böll auf einer Bank im Garten, fotografiert von René Böll, © By Samay Böll (info@boell-fotos.com)

## Danksagung der Autorin

Ich danke René Böll und Carmen Alicia Böll für ihre Expertise, Unterstützung und Hilfe, sowie Samay Böll für die Bereitstellung des fotografischen Materials für diese Publikation.
Mein Dank gilt auch dem Heinrich-Böll-Archiv und seinen Mitarbeitenden.
Ferner möchte ich Bernd Rheinberg von der Heinrich-Böll-Stiftung für seine Unterstützung und die zielführenden Gespräche danken.